AU SOLEIL

OUVRAGES DU MÊME AUTEUR

GUY DE MAUPASSANT

AU SOLEIL

ONZIÈME ÉDITION

PARIS

VICTOR-HAVARD, ÉDITEUR.

168, Boulevard Saint-Germain, 168

—

1888

A

POL ARNAULT

AU SOLEIL

La vie si courte, si longue, devient parfois insupportable. Elle se déroule, toujours pareille, avec la mort au bout. On ne peut ni l'arrêter, ni la changer, ni la comprendre. Et souvent une révolte indignée vous saisit devant l'impuissance de notre effort. Quoique nous fassions, nous mourrons ! Quoique nous croyions, quoique nous pensions, quoique nous tentions, nous mourrons. Et il semble qu'on va mourir demain sans rien connaître encore, bien que dégouté de

tout ce qu'on connait. Alors on se sent
écrasé sous le sentiment de « l'éternelle
misère de tout », de l'impuissance humaine
et de la monotonie des actions.

On se lève, on marche, on s'accoude à sa
fenêtre. Des gens, en face déjeunent, comme
ils déjeunaient hier, comme ils déjeuneront
demain : Le père, la mère, quatre enfants.
Voici trois ans, la grand'mère était encore
là. Elle n'y est plus. Le père a bien changé
depuis que nous sommes voisins. Il ne s'en
aperçoit pas ; il semble content; il semble
heureux. Imbécile !

Ils parlent d'un mariage, puis d'un décès,
puis de leur poulet qui est tendre, puis de
leur bonne qui n'est pas honnête. Ils s'inquiètent de mille choses inutiles et sottes.
Imbéciles !

La vue de leur appartement, qu'ils habitent depuis dix-huit ans, m'emplit de dégoût
et d'indignation. C'est cela, la vie ! Quatre
murs, deux portes, une fenêtre, un lit, des

chaises, une table, voilà ! Prison ! prison !
Tout logis qu'on habite longtemps devient
prison ! Oh ! Fuir, partir ! fuir les lieux
connus, les hommes, les mouvements
pareils aux mêmes heures, et les mêmes
pensées, surtout !

Quand en est las, las à pleurer du matin
au soir, las à ne plus avoir la force de se
lever pour boire un verre d'eau, las des
visages amis vus trop souvent et devenus
irritants, des odieux et placides voisins, des
choses familières et monotones, de sa
maison, de sa rue, de sa bonne qui vient
dire : « que désire monsieur pour son
dîner, » et qui s'en va en relevant à chaque
pas, d'un ignoble coup de talon, le bord
effiloqué de sa jupe sale, las de son chien
trop fidèle, des taches immuables des
tentures, de la régularité des repas, du
sommeil dans le même lit, de chaque action
répétée chaque jour, las de soi-même, de sa
propre voix, des choses qu'on répète sans

cesse, du cercle étroit de ses idées, las de sa figure vue dans la glace, des mines qu'on fait en se rasant, en se peignant, il faut partir, entrer dans une vie nouvelle et changeante.

Le voyage est une espèce de porte par où l'on sort de la réalité connue pour pénétrer dans une réalité inexplorée qui semble un rêve.

Une gare ! un port ! un train qui siffle et crache son premier jet de vapeur ! un grand navire passant dans les jetées, lentement, mais dont le ventre halète d'impatience et qui va fuir là-bas, à l'horizon, vers des pays nouveaux ! Qui peut voir cela sans frémir d'envie, sans sentir s'éveiller dans son âme le frissonnant désir des longs voyages ?

On rêve toujours d'un pays préféré, l'un de la Suède, l'autre des Indes ; celui-ci de la Grèce et celui-là du Japon. Moi je me sentais attiré vers l'Afrique par un impérieux besoin, par la nostalgie du Désert ignoré, comme par le pressentiment d'une passion qui va naître.

Je quittai Paris le 6 juillet 1881. Je voulais voir cette terre du soleil et du sable en plein été, sous la pesante chaleur, dans l'éblouissement furieux de la lumière.

Tout le monde connait la magnifique pièce de vers du grand poète Leconte de Lisle.

Midi, roi des étés, épandu sur la plaine,
Tombe, en nappes d'argent, des hauteurs du ciel bleu.
Tout se tait. L'air flambloie et brûle sans haleine;
La terre est assoupie en sa robe de feu.

C'est le midi du désert, le midi épandu sur la mer de sable immobile et illimitée, qui m'a fait quitter les *bords fleuris* de la Seine chantés par madame Deshoulières, et les bains frais du matin, et l'ombre verte des bois pour traverser les solitudes ardentes.

Une autre cause donnait en ce moment à

l'Algérie un attrait particulier. L'insaisissable Bou-Amama conduisait cette campagne fantastique qui a fait dire, écrire et commettre tant de sottises. On affirmait aussi que les populations musulmanes préparaient une insurrection générale, qu'elles allaient tenter un dernier effort, et qu'aussitôt après le Ramadan la guerre éclaterait d'un seul coup par toute l'Algérie. Il devenait extrêmement curieux de voir l'Arabe à ce moment, de tenter de comprendre son âme, ce dont ne s'inquiètent guère les colonisateurs.

Flaubert disait quelquefois : « On peut se figurer le désert, les pyramides, le Sphinx, avant de les avoir vus ; mais ce qu'on ne s'imagine point, c'est la tête d'un barbier turc accroupi devant sa porte. »

Ne serait-il pas encore plus curieux de connaître ce qui se passe dans cette tête.

LA MER

Marseille palpite sous le gai soleil d'un jour d'été. Elle semble rire, avec ses grands cafés pavoisés, ses chevaux coiffés d'un chapeau de paille comme pour une mascarade, ses gens affairés et bruyants. Elle semble grise avec son accent qui chante par les rues, son accent que tout le monde fait sonner comme par défi. Ailleurs un marseillais amuse, et parait une sorte d'étranger, écorchant le français ; à Marseille, tous les marseillais réunis donnent à l'accent une exagération qui prend les allures d'une farce. Tout le monde parler comme ça, c'est trop, tron de l'air ! Marseille au soleil transpire, comme une belle fille qui manquerait de soins, car elle sent l'ail, la gueuse, et mille choses encore. Elle sent les innomables nourritures que grignottent les Nègres, les Turcs, les Grecs, les Italiens, les Maltais, les Espagnols, les Anglais, les Corses, et les Marseillais aussi, pécaïre, couchés, assis, roulés, vautrés sur les quais.

Dans le bassin de la Joliette les lourds paquebots, le nez tourné vers l'entrée du port, chauffent, couverts d'hommes qui les emplissent de paquets et de marchandises.

L'un d'eux, l'*Abd-el-Kader* se met tout à coup à pousser des mugissements, car le sifflet n'existe plus ; il est remplacé par une sorte de cri de bête, une voix formidable qui sort du ventre fumant du monstre.

Le vaste navire quitte son point d'attache, passe doucement au milieu de ses frères

encore immobiles, sort du port, et, brusquement, le capitaine ayant jeté par son porte-
voix qui descend dans les profondeurs du
bateau, le commandement : « En route, » il
s'élance, pris d'une ardeur, ouvre la mer,
laisse derrière lui un long sillage, pendant
que fuient les côtes et que Marseille s'enfonce à l'horizon.

C'est l'heure du dîner, à bord. Peu de
monde. On ne se rend guère en Afrique en
juillet. Au bout de la table, un colonel, un
ingénieur, un médecin, deux bourgeois
d'Alger avec leurs femmes.

On parle du pays ou l'on va, de l'administration qu'il lui faut.

Le colonel réclame énergiquement un
gouverneur militaire, parle tactique dans
le désert et déclare que le télégraphe est
inutile et même dangereux pour les armées.
Cet officier supérieur a dû éprouver quelque
désagrément de guerre par la faute du
télégraphe.

1.

L'ingénieur voudrait confier la colonie à un inspecteur général des ponts-et-chaussées qui ferait des canaux, des barrages, des routes et mille autre choses.

Le capitaine du bâtiment laisse entendre, avec esprit, qu'un marin ferait bien mieux l'affaire, l'Algérie n'étant abordable que par mer.

Les deux bourgeois signalent les fautes grossières du gouverneur; et chacun rit s'étonnant qu'on puisse être aussi maladroit.

Puis on remonte sur le pont. Rien que la mer, la mer calme, sans un frisson, et dorée par la lune. Le lourd bateau parait glisser dessus, laissant derrière lui un long sillage bouillonnant, où l'eau battue, semble du feu liquide.

Le ciel s'étale sur nos têtes, d'un noir bleuâtre, ensemencé d'astres que voile par instants l'énorme panache de fumée vomie par la cheminée; et le petit fanal en haut du mât a l'air d'une grosse étoile se promenant parmi les autres. On n'entend rien que le ronflement de l'hélice dans les profondeurs du navire. Qu'elles sont charmantes, les heures tranquilles du soir sur le pont d'un bâtiment qui fuit !

Toute la journée du lendemain, on pense étendu sous la tente, avec l'Océan de tous les côtés. Puis la nuit revient, et le jour reparait. On a dormi dans l'étroite cabine, sur la couchette en forme de cercueil. Debout, il est quatre heures du matin.

Quel réveil ! Une longue côte, et, là-bas, en face, une tache blanche qui grandit — Alger !

ALGER

Féerie inespérée **et qui** ravit l'Esprit !
Alger a passé mes attentes. Qu'elle est jolie,
la ville de neige sous l'éblouissante lumière !
Une immense terrasse longe le port, sou-
tenue par des arcades élégantes. Au-dessus
s'élèvent de grands hôtels Européens et le
quartier Français, au-dessus encore s'éche-
lonne la ville arabe, amoncellement de petites
maisons blanches, bizarres, enchevêtrées les
unes dans les autres, séparées par des rues
qui ressemblent à des souterrains clairs.

L'étage supérieur est supporté par des
suites de bâtons peints en blanc ; les toits se
touchent. Il y a des descentes brusques en
des trous habités, des escaliers mystérieux
vers des demeures qui semblent des terriers
pleins de grouillantes familles arabes. Une
femme passe, grave et voilée, les chevilles
nues, des chevilles peu troublantes, noires
des poussières accumulées sur les sueurs.

De la pointe de la jetée le coup d'œil sur
la ville est merveilleux. On regarde, extasié,
cette cascade éclatante de maisons dégrin-
golant les unes sur les autres du haut de la
montagne jusqu'à la mer. On dirait une
écume de torrent, une écume d'une blancheur folle ; et, de place en place, comme
un bouillonnement plus gros, une mosquée
éclatante luit sous le soleil.

Partout grouille une population stupé-
fiante. Des gueux innombrables, vêtus d'une
simple chemise, ou de deux tapis cousus en
forme de chasuble, ou d'un vieux sac percé

de trous pour la tête et les bras, toujours
nu-jambes et nu-pieds, vont, viennent, s'injurient, se battent, vermineux, loqueteux,
barbouillés d'ordure et puant la bête.

Tartarin dirait qu'ils sentent le « Teur »
(Turc) et on sent le Teur partout ici.

Puis il y a tout un monde de mioches à
la peau noire, métis de kabyles, d'arabes,
de nègres et de blancs, fourmilière de
cireurs de bottes, harcelants comme des
mouches, cabriolants et hardis, vicieux à
trois ans, malins comme des singes, qui
vous injurient en arabe et vous poursuivent
en français de leur éternel « cïé mosieu. »
Ils vous tutoient et on les tutoie. Tout le
monde ici d'ailleurs se dit « Tu ». Le cocher
qu'on arrête dans la rue vous demande « Où
je mènerai Toi ». Je signale cet usage aux
cochers parisiens qui sont dépassés en
familiarité.

J'ai vu le jour même de mon arrivée un
petit fait sans importance et qui pourtant

résume à peu près l'histoire de l'Algérie et de la colonisation.

Comme j'étais assis devant un café, un jeune mauricaud s'empara, de force, de mes pieds et se mit à les cirer avec une énergie furieuse. Après qu'il eut frotté pendant un quart d'heure et rendu le cuir de mes bottines plus luisant qu'une glace, je lui donnai deux sous. Il prononça « méci mosieu » mais ne se releva pas. Il restait accroupi entre mes jambes, tout à fait immobile, roulant des yeux comme s'il se fut trouvé malade. Je lui dis : « Va-t'en donc, arbico. » Il ne répondit point, ne remua pas, puis, tout à coup, saisissant à pleins bras sa boîte à cirage il s'enfuit de toute sa vitesse. Et j'aperçus un grand nègre de seize ans qui se détachait d'une porte où il s'était caché et s'élançait sur mon cireur. En quelques bonds il l'eut rejoint, puis il le giffla, le fouilla, lui arracha ses deux sous qu'il engloutit dans sa poche et s'en alla tranquillement en riant, pendant que le misérable volé hurlait d'une épouvantable façon.

J'étais indigné. Mon voisin de table, un officier d'Afrique, un ami, me dit : « Laissez donc, c'est la hiérarchie qui s'établit. Tant qu'ils ne sont pas assez forts pour prendre les sous des autres, ils cirent. Mais dès qu'ils se sentent en état de rouler les plus petits ils ne font plus rien. Ils guettent les cireurs et les dévalisent. » Puis mon compagnon ajouta en riant : « Presque tout le monde en fait autant, ici. »

Le quartier Européen d'Alger, joli de loin, a, vu de près, un aspect de ville neuve poussée sous un climat qui ne lui conviendrait point. En débarquant une large enseigne vous tire l'œil : « Skating-Rink Algérien ; » et, dès les premiers pas, on est saisi, gêné, par la sensation du progrès mal appliqué à ce pays, de la civilisation brutale, gauche, peu adaptée aux mœurs, au ciel et aux gens. C'est nous qui avons l'air de barbares au milieu de ces barbares, brutes il est vrai, mais qui sont chez eux, et à qui les siècles ont appris des coutumes dont nous semblons n'avoir pas encore compris le sens.

Napoléon III a dit un mot sage, (peut-être soufflé par un ministre) : « Ce qu'il faut à l'Algérie ce ne sont pas des conquérants, mais des initiateurs » Or nous sommes restés des conquérants brutaux, maladroits, infatués de nos idées toutes faites. Nos mœurs imposées, nos maisons parisiennes, nos usages choquent sur ce sol comme des fautes grossières d'art, de sagesse et de compréhension. Tout ce que nous faisons semble un contre-sens, un défi à ce pays, non pas tant à ses habitants premiers qu'à la terre elle-même.

J'ai vu quelques jours après mon arrivée un bal en plein air à Mustapha. C'était la fête de Neuilly. Des boutiques de pain d'épice,

des tirs, des loteries, le jeu des poupées
et des couteaux, des somnambules, des
femmes-silures, et des calicots dansant avec
des demoiselles de magasin les vrais
quadrilles de Bullier, tandis que derrière
l'enceinte où l'on payait pour entrer, dans
la plaine large et sablonneuse du champ
de manœuvres, des centaines d'Arabes,
couchés, sous la lune, immobiles en leurs
loques blanches, écoutaient gravement les
refrains des chahuts sautés par les Français.

LA PROVINCE D'ORAN

Pour aller d'Alger à Oran il faut un jour en chemin de fer. On traverse d'abord la plaine de la Mitidja, fertile, ombragée, peuplée. Voilà ce qu'on montre au nouvel arrivé pour lui prouver la fécondité de notre colonie. Certes la Mitidja et la Kabylie sont deux admirables pays. Or la Kabylie est actuellement plus habitée que le Pas-de Calais par kilomètre carré ; la Mitidja le sera bientôt autant. Que veut-on coloniser par là ? Mais je reviendrai sur ce sujet

Le train roule, avance; les plaines cultivées disparaissent; la terre devient nue et rouge, la vraie terre d'Afrique. L'horizon s'élargit, un horizon stérile et brûlant. Nous suivons l'immense vallée du Chelif, enfermée en des montagnes désolées, grises et brûlées, sans un arbre, sans une herbe. De place en place la ligne des monts s'abaisse, s'entr'ouvre comme pour mieux montrer l'affreuse misère du sol dévoré par le soleil. Un espace demesuré s'étale, tout plat, borné, là-bas, par la ligne presque invisible des hauteurs perdues dans une vapeur. Puis sur les crêtes incultes, parfois, de gros points blancs, tout ronds, apparaissent, comme des œufs énormes pondus là par des oiseaux géants. Ce sont des marabouts élevés à la gloire d'Allah.

Dans la plaine jaune, interminable, quelquefois on aperçoit un bouquet d'arbres, des hommes debout, des Européens hâlés, de grande taille, qui regardent filer le convoi, et, tout près de là, des petites tentes, pareilles à de gros champignons, d'où sortent des soldats barbus. C'est un hameau d'agriculteurs protégé par un détachement de ligne.

Puis, dans l'étendue de terre stérile et poudreuse on distingue, si loin qu'on la voit à peine, une sorte de fumée, un nuage mince qui monte vers le ciel et semble courir sur le sol. C'est un cavalier qui soulève, sous les pieds de son cheval, la poussière fine et brûlante. Et chacune de ces nuées sur la plaine indique un homme dont on finit par distinguer le bournous clair presque imperceptible.

De temps en temps, des campements d'indigènes. On les découvre à peine, ces douars, auprès d'un torrent desséché où des enfants font paître quelques chèvres, quelques moutons ou quelques vaches (paître semble infiniment dérisoire). Les huttes de toile brune, entourées de broussailles sèches, se confondent avec la couleur monotone ue la terre. Sur le remblai de la ligne un homme à la peau noire, à la jambe nue, nerveuse et sans mollets, enveloppé de haillons blanchâtres, contemple gravement la bête de fer qui roule devant lui.

Plus loin c'est une troupe de nomades en marche. La caravane s'avance dans la poussière, laissant un nuage derrière elle. Les femmes et les enfants sont montés sur des ânes ou des petits chevaux ; et quelques cavaliers marchent gravement en tête, d'une allure infiniment noble.

Et c'est ainsi toujours. Aux haltes du train, d'heure en heure, un village européen se montre : quelques maisons pareilles à celles de Nanterre ou de Rueil, quelques arbres brûlés alentour dont l'un porte des drapeaux tricolores, pour le 14 juillet, puis un gendarme grave devant la porte de sortie, semblable aussi au gendarme de Rueil ou de Nanterre.

La chaleur est intolérable. Tout objet de métal devient impossible à toucher, même dans le wagon. L'eau des gourdes brûle la bouche. Et l'air qui s'engouffre par la portière semble soufflé par la gueule d'un four. A Orléanville, le thermomètre de la gare donne, à l'ombre, quarante-neuf degrés passés !

On arrive à Oran pour dîner.

Oran est une vraie ville d'Europe, commerçante, plus espagnole que française, et sans grand intérêt. On rencontre par les rues de belles filles aux yeux noirs, à la peau d'ivojre, aux dents claires. Quand il fait beau, on aperçoit, paraît-il, à l'horizon les côtes de l'Espagne, leur patrie.

Dès qu'on a mis le pied sur cette terre, africaine, un besoin singulier vous envahit, celui d'aller plus loin, au sud.

J'ai donc pris, avec un billet pour Saïda, le petit chemin de fer à voie étroite qui grimpe sur les haut plateaux. Autour de cette ville rôde avec ses cavaliers l'insaisissable Bou-Amama.

Après quelques heures de route on atteint les premières pentes de l'Atlas. Le train monte, souffle, ne marche plus qu'à peine, serpente sur le flanc des côtes arides, passe auprès d'un lac immense formé par trois rivières que garde, amassées dans trois vallées, le fameux barrage de l'Habra. Un mur colossal, long de cinq cents mètres, haut et large de quarante mètres, contient, suspendus au-dessus d'une plaine demesurée, quatorze millions de mètres cubes d'eau.

(Ce barrage s'est écroulé l'an suivant, noyant des centaines d'hommes, ruinant un pays entier. C'était au moment d'une grande souscription nationale pour des inondés hongrois ou espagnols. Personne ne s'est occupé de ce désastre français.)

Puis nous passons par des défilés étroits entre deux montagnes qu'on dirait incendiées depuis peu, tant elles ont la peau rouge et nue ; nous contournons des pics, nous filons le long des pentes, nous faisons des détours de dix kilomètres pour éviter les obstacles, puis nous nous précipitons dans une plaine à toute vitesse, en zigzaguant toujours un peu, comme par suite de l'habitude prise.

Les wagons sont tout petits, la machine grosse comme celle d'un tramway. Elle semble parfois exténuée, râle, geint, ou rage, va si doucement qu'on la suivrait au pas, et tout à coup elle repart avec furie.

Toute la contrée est aride et désolée. Le Roi d'Afrique, le Soleil, le grand et féroce ravageur a mangé la chair de ces vallons, ne laissant que la pierre et une poussière rouge où rien ne pourrait germer.

Saïda ! c'est une petite ville à la française qui ne semble habitée que par des généraux. Ils sont au moins dix ou douze et paraissent toujours en conciliabule. On a envie de leur crier : « Où est aujourd'hui Bou-Amama, mon

général ? » La population civile n'a pour
l'uniforme aucun respect.

L'auberge du lieu laisse tout à désirer. Je
me couche sur une paillasse dans une chambre blanchie à la chaux. La chaleur est
intolérable. Je ferme les yeux pour dormir.
Hélas !

Ma fenêtre est ouverte, donnant sur une
petite cour. J'entends aboyer des chiens. Ils
sont loin, très loin, et jappent par saccades
comme s'ils se répondaient.

Mais bientôt ils approchent, ils viennent ;
ils sont là maintenant contre les maisons,
dans les vignes, dans les rues. Ils sont là,
cinq cents, mille peut-être, affamés, féroces,
les chiens qui gardaient sur les hauts plateaux les campements des Espagnols. Leurs
maîtres tués ou partis, les bêtes ont rôdé,
mourant de faim ; puis elles ont trouvé la
ville, et elles la cernent, comme une armée.
Le jour, elles dorment dans les ravins, sous
les roches, dans les trous de la montagne :

et, sitôt la nuit tombée, elles gagnent Saïda pour chercher leur vie.

Les hommes qui rentrent tard chez eux marchent le revolver au poing, suivis, flairés par vingt ou trente chiens jaunes pareils à des renards.

Ils aboient à présent d'une façon continue, effroyable, à rendre fou. Puis d'autres cris s'éveillent, des glapissements grêles; ce sont les chacals qui arrivent; et parfois on n'entend plus qu'une voix plus forte et singulière, celle de l'hyène, qui imite le chien pour l'attirer et le dévorer.

Jusqu'au jour dure sans repos cet horrible vacarme.

Saïda, avant l'occupation française, était protégée par une petite forteresse édifiée par Abd-el-Kader.

La ville nouvelle est dans un fond, entourée de hauteurs pelées. Une mince rivière, qu'on peut presque sauter à pieds joints, arrose les champs alentour où poussent de belles vignes.

Vers le sud les monts voisins ont l'aspect d'une muraille, ce sont les derniers gradins conduisant aux hauts plateaux.

Sur la gauche se dresse un rocher d'un rouge ardent, haut d'une cinquantaine de mètres et qui porte sur son sommet quelques maçonneries en ruines. C'est là tout ce qui reste de la Saïda d'Abd-el-Kader. Ce rocher, vu de loin, semble adhérent à la montagne, mais si on l'escalade, on demeure saisi de surprise et d'admiration. Un ravin profond, creusé entre des murs tout droits, sépare l'ancienne redoute de l'émir de la côte voisine. Elle est, cette côte, en pierre de pourpre et entaillée par places par des brèches où tombent les pluies d'hiver. Dans le ravin coule la rivière au milieu d'un bois de lauriers-roses. D'en haut on dirait un tapis d'Orient étendu dans un corridor. La nappe de fleurs paraît ininterrompue, tachetée seulement par le feuillage vert qui la perce par endroits.

On descend en ce vallon par un sentier bon pour des chèvres.

La rivière, fleuve là-bas (l'Oued Saïda) ruisseau pour nous, s'agite dans les pierres sous les grand arbustes épanouis, saute des roches, écume, ondoie et murmure. L'eau est chaude, presque brûlante. D'énormes crabes courent sur les bords avec une singulière rapidité, les pinces levées en me voyant. De gros lézards verts disparaissent dans les feuillages. Parfois un reptile glisse entre les cailloux.

Le ravin se rétrécit comme s'il allait se refermer. Un grand bruit sur ma tête me fait tressaillir. Un aigle surpris s'envole de son repaire, s'élève vers le ciel bleu, monte à coups d'aile lents et forts, si large qu'il semble toucher aux deux murailles.

Au bout d'une heure on rejoint la route qui va vers Aïn-el-Hadjar en gravissant le mont poudreux.

Devant moi une femme, une vieille femme

en jupe noire, coiffée d'un bonnet blanc chemine, courbée, un panier au bras gauche et tenant de l'autre, en manière d'ombrelle, un immense parapluie rouge. Une femme ici ! Une paysanne en cette morne contrée où l'on ne voit guère que la haute négresse cambrée, luisante, chamarrée d'étoffes jaunes rouges ou bleues, et qui laisse sur son passage un fumet de chair humaine à tourner les cœurs les plus solides.

La vieille, exténuée, s'assit dans la poussière, haletante sous la chaleur torride. Elle avait une face ridée par d'innombrables petits plis de peau comme ceux des étoffes qu'on fronce, un air las, accablé, désespéré.

Je lui parlai. C'était une Alsacienne qu'on avait envoyée en ces pays désolés, avec ses quatre fils, après la guerre. Elle me dit :

« Vous venez de là-bas ? »

Ce « là-bas » me serra le cœur.

« Oui. »

Et elle se mit à pleurer. Puis elle me conta son histoire bien simple.

On leur avait promis des terres. Ils étaient venus, la mère et les enfants. Maintenant trois de ses fils étaient morts sous ce climat meurtrier. Il en restait un, malade aussi. Leurs champs ne rapportaient rien, bien que grands, car ils n'avaient pas une goutte d'eau. Elle répétait, la vieille : « De la cendre, Monsieur, de la cendre brûlée. Il n'y vient pas un chou, pas un chou, pas un chou ! » s'obstinant à cette idée de chou qui devait représenter pour elle tout le bonheur terrestre.

Je n'ai jamais rien vu de plus navrant que cette bonne femme d'Alsace jetée sur ce sol de feu où il ne pousse pas un chou. Comme elle devait souvent penser au pays perdu, au pays vert de sa jeunesse, la pauvre vieille !

En me quittant, elle ajouta : « Savez-vous si on donnera des terres en Tunisie ? On dit que c'est ·bon par là. Ça vaudra toujours mieux qu'ici. Et puis je pourrai peut-être y réchapper mon garçon. »

Tous nos colons installés au delà du Tell en pourraient dire à peu près autant.

Un désir me tenait toujours, celui d'aller plus loin. Mais, tout le pays étant en guerre, je ne pouvais m'aventurer seul. Une occasion s'offrit, celle d'un train allant ravitailler les troupes campées le long des chotts.

C'était par un jour de siroco. Dès le matin le vent du sud se leva, soufflant sur la terre ses haleines lentes, lourdes, dévorantes. A sept heures le petit convoi se mit en route, emportant deux détachements, d'infanterie avec leurs officiers, trois wagons-citernes pleins d'eau et les ingénieurs de la Compagnie, car depuis trois semaines aucun train n'était allé jusqu'aux extrêmes limites de la ligne que les Arabes ont pu détruire.

La machine « *l'Hyène* » part bruyamment

s'avançant vers la montagne droite, comme si elle voulait pénétrer dedans. Puis soudain elle fait une courbe, s'enfonce dans un étroit vallon, décrit un crochet, et revient passer à cinquante mètres au-dessus de l'endroit où elle courait tout à l'heure. Elle tourne de nouveau, trace des circuits, l'un sur l'autre, monte toujours en zigzag, déroulant un grand lacet qui gagne le sommet du mont.

Voici de vastes bâtiments, des cheminées de fabriques, une sorte de petite ville abandonnée. Ce sont les magnifiques usines de la Compagnie franco-algérienne. C'est là qu'on préparait l'alfa avant le massacre des Espagnols. Ce lieu s'appelle Aïn-el-Hadjar.

Nous montons encore. La locomotive souffle, râle, ralentit sa marche, s'arrête. Trois fois elle essaye de repartir, trois fois elle demeure impuissante. Elle recule pour prendre de l'élan, mais reste encore sans force au milieu de la pente trop rude.

Alors les officiers font descendre les soldats qui, égrenés le long du train, se mettent à pousser. Nous repartons lentement au pas d'un homme. On rit, on plaisante; les lignards blaguent la machine. C'est fini. Nous voici sur les hauts plateaux.

Le mécanicien, le corps penché en dehors regarde sans cesse la voie qui peut être coupée; et nous autres, nous inspectons l'horizon, très attentifs, en éveil dès qu'un filet de poussière semble indiquer au loin un cavalier encore invisible. Nous portons des fusils et des revolvers.

Parfois, un chacal s'enfuit devant nous; un énorme vautour s'envole, abandonnant la carcasse d'un chameau presque entièrement dépecé; des poules de Carthage, très semblables à des perdrix, gagnent des touffes de palmiers nains,

A la petite halte de Tafraoua, deux compagnies de ligne sont campées. Ici, on a tué beaucoup d'Espagnols.

A Kralfallah, c'est une compagnie de

zouaves qui se fortifient à la hâte, édifiant leurs retranchements avec des rails, des poutres, des poteaux télégraphiques, des balles d'alfa, tout ce qu'on trouve. Nous déjeunons là; et les trois officiers, tous trois jeunes et gais, le capitaine, le lieutenant et le sous-lieutenant nous offrent le café.

Le train repart. Il court interminablement dans une plaine illimitée que les touffes d'alfa font ressembler à une mer calme. Le siroco devient intolérable, nous jetant à la face l'air enflammé du désert; et, parfois, à l'horizon, une forme vague apparaît. On dirait un lac, une île, des rochers dans l'eau : c'est le mirage. Sur un talus, voici des pierres brûlées et des ossements d'homme : les restes d'un Espagnol. Puis, d'autres chameaux morts, toujours dépecés par des vautours.

On traverse une forêt! Quelle forêt! Un océan de sable où des touffes rares de genévriers ressemblent à des plants de salade dans un potager gigantesque! Désormais aucune verdure, sauf l'alfa, sorte de jonc d'un vert bleu qui pousse par touffes rondes et couvre le sol à perte de vue.

Parfois on croit voir un cavalier dans le lointain. Mais il disparaît; on s'était peut-être trompé.

Nous arrivons à l'Oued-Fallette, au milieu d'une étendue toujours morne et déserte. Alors je m'éloigne à pied avec deux compagnons, vers le sud encore. Nous gravissons une colline basse sous une écrasante chaleur. Le siroco charrie du feu; il sèche la sueur sur le visage à mesure qu'elle apparaît, brûle les lèvres et les yeux, dessèche la gorge. Sous toutes les pierres on trouve des scorpions.

Autour du convoi arrêté et qui a l'air de loin d'une grosse bête noire couchée sur la terre sèche, les soldats chargent les voitures envoyées du campement voisin.

Puis ils s'éloignent dans la poussière, lentement, d'un pas accablé, sous l'écrasant soleil. On les voit longtemps, longtemps, s'en aller là-bas, sur la gauche ; puis on n'aperçoit plus que le nuage gris qu'ils soulèvent au-dessus d'eux.

Nous restons à six maintenant auprès du train. On ne peut plus toucher à rien, tout brûle. Les cuivres des wagons semblent rougis au feu. On pousse un cri si la main rencontre l'acier des armes.

Voici quelques jours, la tribu des Rezaïna, tournant aux rebelles, traversa ce chott que nous n'avions pu atteindre, car l'heure nous force à revenir. La chaleur fut telle durant le passage de ce marais desséché que la tribu fugitive perdit tous ses bourricots de soif, et même seize enfants, morts entre les bras de leurs mères.

La machine siffle. Nous quittons l'Oued-Fallette. Un remarquable fait de guerre rendit alors ce lieu célèbre dans la contrée.

'Une colonne y était établie, gardée par un détachement du 15° de ligne. Or, une nuit, deux goumiers se présentent aux avant-postes, après dix heures de cheval, apportant un ordre pressant du général commandant à Saïda. Selon l'usage, ils agitent une torche pour se faire reconnaître. La sentinelle, recrue arrivant de France, ignorant les coutumes et les règles du service en campagne dans le sud, et nullement prévenue par ses officiers, tire sur les courriers. Les pauvres diables avancent quand même; le poste saisit ses armes; les hommes prennent position, et une fusillade terrible commence. Après avoir essuyé cent cinquante coups de fusil, les deux Arabes, enfin, se retirent; l'un d'eux avait une balle dans l'épaule. Le lendemain, ils rentraient au quartier général, rapportant leurs dépêches.

BOU--AMAMA

Bien malin celui qui dirait, même aujour-
d'hui, ce qu'était Bou-Amama. Cet insaisissable farceur, après avoir affolé notre armée
d'Afrique, a disparu si complètement qu'on
commence à supposer qu'il n'a jamais existé.

Des officiers dignes de foi, qui croyaient le
connaître, me l'ont décrit d'une certaine
façon; mais d'autres personnes non moins
honnêtes, sûres de l'avoir vu, me l'on
dépeint d'une autre manière.

Dans tous les cas, ce rodeur n'a été que le
chef d'une bande peu nombreuse, poussée

sans doute à la révolte par la famine. Ces gens ne se sont battus que pour vider les silos ou piller des convois. Ils semblent n'avoir agi ni par haine, ni par fanatisme religieux, mais par faim. Notre système de colonisation consistant à ruiner l'Arabe, à le dépouiller sans repos, à le poursuivre sans merci et à le faire crever de misère, nous verrons encore d'autres insurrections.

Une autre cause peut-être à cette campagne est la présence sur les hauts-plateaux des alfatiers espagnols.

Dans cet océan d'alfa, dans cette morne étendue verdâtre, immobile sous le ciel incendié, vivait une vraie nation, des hordes d'hommes à la peau brune, aventuriers que la misère ou d'autres raisons avaient chassés de leur patrie. Plus sauvages, plus redoutés que les Arabes, isolés ainsi, loin de toute ville, de toute loi, de toute force, ils ont fait, dit-on, ce que faisaient leurs ancêtres sur les terres nouvelles; ils ont été violents, sanguinaires, terribles envers les habitants primitifs.

La vengeance des Arabes fut épouvantable.

Voici, en quelques lignes, l'origine apparente de l'insurrection.

Deux marabouts prêchaient ouvertement la révolte dans une tribu du Sud. Le lieutenant Weinbrenner fut envoyé avec la mission de s'emparer du caïd de cette tribu. L'officier français avait une escorte de *quatre* hommes. Il fut assassiné.

On chargea le colonel Innocenti de venger cette mort, et on lui envoya comme renfort l'agha de Saïda.

Or, en route, le goum de l'agha de Saïda rencontra les Trafis qui se rendaient également auprès du colonel Innocenti. Des querelles s'élevèrent entre les deux tribus; les Trafis firent défection et allèrent se mettre sous les ordres de Bou-Amama. C'est ici que se place l'affaire de Chellala qui a été cent fois racontée. Après le sac de son convoi, le colonel Innocenti, qui semble avoir été accusé bien légèrement par l'opinion publique, remonta à marches forcées vers le Kreïder, afin de refaire sa colonne, et laissa la route entièrement libre à son adversaire. Celui-ci en profita.

Mentionnons un fait curieux. Le même jour, les dépêches officielles signalaient en même temps Bou-Amama sur deux points distants l'un de l'autre de cent cinquante kilomètres.

Ce chef, profitant de l'entière liberté qu'on lui donnait, passa à douze kilomètres de Géryville, tua en route le brigadier Bringeard, envoyé avec quelques hommes seulement en plein pays révolté pour établir les communications télégraphiques; puis il remonta au nord.

C'est alors qu'il traversa le territoire des Hassassenas et des Harrars, et qu'il donna vraisemblablement à ces deux tribus le mot

d'ordre pour le massacre général des Espagnols, qu'elles devaient exécuter peu après.

Enfin, il arriva à Aïn-Kétifa, et deux jours
plus tard il campait à Haci-Tirsine, à vingt-
deux kilomètres seulement de Saïda.

L'autorité militaire, inquiète enfin, prévint, le 10 juin au soir, la Compagnie franco-
algérienne de faire rentrer tous ses agents,
le pays n'étant pas sûr. Des trains circulèrent
toute la nuit jusqu'à l'extrême limite de la
ligne; mais on ne pouvait, en quelques
heures, faire revenir les chantiers disséminés
sur un territoire de cent cinquante kilomètres, et le onze, au point du jour, les massacres commencèrent.

Ils furent accomplis surtout par les deux
tribus des Hassassenas et des Harrars exas-
pérés contre les Espagnols qui vivaient sur
leurs territoires.

Et cependant, sous prétexte de ne point
les pousser à la révolte, on a laissé tranquilles ensuite ces tribus, qui ont égorgé

près de trois cents personnes, hommes, femmes et enfants. Des cavaliers arabes trouvés chargés de dépouilles, avec des robes de femmes espagnoles sous leurs selles, ont été relâchés, dit-on, sous prétexte que les preuves manquaient.

Donc, le 10 au soir, Bou-Amama campait à Haci-Tirsine, à vingt-deux kilomètres de Saïda. A la même heure, le général Cérez télégraphiait au gouverneur que le chef révolté tentait de repasser dans le sud.

Les jours suivants le hardi marabout pilla les villages de Tafraoua et de Kralfallah, chargeant tous ses chameaux de butin, emportant la valeur de plusieurs millions en vivres et en marchandises.

Il remonta de nouveau à Haci-Tirsine pour reconstituer sa troupe; puis il divisa son convoi en deux parties, dont l'une se dirigea vers Aïn-Kétifa. Là, elle fut arrêtée et pillée par le goum de Sharraouï (colonne Brunetière).

L'autre section, commandée par Bou-Amama lui-même, se trouvait prise entre la colonne du général Détrie campée à El-Maya et la colonne Mallaret postée près du Kreïder, à Ksar-el-Krelifa. Il fallait passer entre les deux, ce qui n'était pas facile. Bou-Amama envoya alors un parti de cavaliers devant le camp du général Détrie qui le poursuivit, avec toute sa colonne, jusqu'à Aïn-Sfisifa, bien au delà du Chott, persuadé qu'il tenait le marabout devant lui. La ruse avait réussi. La voie était libre. Le lendemain du départ du général, le chef insurgé occupait son camp, c'était le 14 juin.

De son côté le colonel Mallaret, au lieu de garder le passage du Kreïder, s'était campé à Ksar-el-Krelifa, quatre kilomètres plus loin. Bou-Amama envoya aussitôt un fort détachement de cavaliers défiler devant le colonel qui se contenta de tirer les six coups de canon légendaires. Et, pendant ce temps, le convoi de chameaux chargés passait tranquillement le chott au Kreïder, seul point où la traversée fût facile. De là le marabout dut aller mettre ses provisions à l'abri chez les Mograr, sa tribu, à quatre cents kilomètres au sud de Geryville.

D'où viennent, dira-t-on, des faits si précis ? De tout le monde. Ils seront naturellement contestés par l'un sur un point, par l'autre sur un autre point. Je ne puis rien affirmer, n'ayant fait que recueillir les renseignements qui m'ont paru les plus vraisemblables. Il serait d'ailleurs impossible d'obtenir en Algérie un détail certain sur ce qui se passe ou s'est passé à trois kilomètres du point où l'on se trouve. Quant aux nouvelles militaires, elles semblaient, pendant toute cette campagne, fournies par un mauvais plaisant. Le même jour, Bou-Amama a été signalé sur six points différents par six chefs de corps qui croyaient le tenir. Une collection complète des dépêches officielles avec un petit supplément contenant celles des agences autorisées constituerait un recueil tout à fait drôle. Certaines dépêches, dont l'invraisemblance était trop évidente, ont d'ailleurs été arrêtées dans les bureaux, à Alger.

Une caricature spirituelle, faite par un colon, m'a paru expliquer assez bien la situation. Elle représentait un vieux général, gros, galonné, moustachu, debout en face du désert. Il considérait d'un œil perplexe le pays immense, nu et valonné, dont les limites ne s'apercevaient point, et il murmurait : « Ils sont là !... quelque part ! » Puis, s'adressant à son officier d'ordonnance, immobile dans son dos, il prononçait d'une voix ferme : « Télégraphiez au gouvernement que l'ennemi est devant moi et que je me mets à sa poursuite. »

Les seuls renseignements un peu certains qu'on se procurait venaient des prisonniers espagnols échappés à Bou-Amama. J'ai pu causer, au moyen d'un interprète, avec un de ces hommes, et voici ce qu'il m'a raconté.

Il s'appelait Blas Rojo Pélisaire. Il conduisait avec des camarades, le 10 juin au soir, un convoi de sept charrettes, quand ils trouvèrent sur la route d'autres charrettes brisées, et, entre les routes, les charretiers massacrés. Un d'eux vivait encore. Ils se mirent à le soigner ; mais une troupe d'Arabes se jeta sur eux. Les Espagnols n'avaient qu'un fusil ; ils se rendirent ; ils furent néanmoins massacrés, à l'exception de Blas Rojo, épargné sans doute à cause de sa jeunesse et de sa bonne mine. On sait que les Arabes ne sont point indifférents à la beauté des hommes. On le conduisit au camp où il retrouva d'autres prisonniers. A minuit, on tua l'un d'eux, sans raison. C'était un *homme de mécanique* (un de ceux chargés de serrer les freins des charrettes) nommé Domingo.

Le lendemain 11, Blas apprit que d'autres

prisonniers avaient été tués dans la nuit. C'était le jour des grands massacres. On resta au même endroit ; puis, le soir, les cavaliers amenèrent deux femmes et un enfant.

Le 12, on leva le camp et on marcha tout le jour.

Le 13 au soir on campait à Dayat-Kereb.

Le 14, on marchait dans la direction de Ksar-Krelifa. C'est le jour de l'affaire Mallaret. Le prisonnier n'a pas entendu le canon. Ce qui laisse supposer que Bou-Amama a fait défiler un parti de cavaliers seulement devant le corps expéditionnaire français, tandis que le convoi de butin où se trouvait Blas passait le chott quelques kilomètres plus loin, bien à l'abri.

Pendant huit jours, on marcha en zigzag. Une fois arrivés à Tis-Moulins, les goums dissidents se séparèrent, emmenant chacun ses prisonniers.

Bou-Amama se montra bienveillant pour

les prisonniers, surtout pour les femmes,
qu'il faisait coucher dans une tente spéciale
et garder.

Une d'elles, une belle fille de dix-huit ans,
s'unit en route avec un chef Trafi, qui la
menaçait de mort si elle résistait. Mais le
marabout refusa de consacrer leur union.

Blas Rojo fut attaché au service de Bou-
Amama, qu'il ne vit pas cependant. Il ne
vit que son fils, qui dirigeait les opérations
militaires. Il semblait âgé de trente ans environ. C'était un grand garçon maigre,
brun, pâle, aux yeux larges et qui portait
une petite barbe.

Il possédait deux chevaux alezans, dont
un français qui semble avoir appartenu au
commandant Jacquet.

Le prisonnier n'a pas eu connaissance de
l'affaire du Kreïder.

Blas Rojo se sauva dans les environs de
Bas-Yala ; mais, ne connaissant pas bien le
pays, il fut forcé de suivre les rivières à sec,

et, après trois jours et trois nuits de marche, il arriva à Marhoum. Bou-Amama avait
avec lui cinq cents cavaliers et trois cents
fantassins, plus un convoi de chameaux
destinés à porter le butin.

Pendant quinze jours après les massacres,
des trains ont circulé jour et nuit sur la
petite ligne du chemin de fer des chotts.
On recueillait à tout moment de misérables
espagnols mutilés, de grandes et belles filles
nues, violées, et ensanglantées. L'autorité
militaire aurait pu, disent tous les habitants
de la contrée, éviter cette boucherie avec un
peu de prévoyance. Elle n'a pu, dans tous
les cas, venir à bout d'une poignée de révoltés. Quelles sont les causes de cette impuissance de nos armes perfectionnées contre les matraques et les mousquets des
Arabes ? A d'autres de les pénétrer et de les
indiquer.

Les Arabes, dans tous les cas, ont sur
nous un avantage contre lequel nous nous

efforçons en vain de lutter. Ils sont les fils du pays. Vivant avec quelques figues et quelques grains de farine, infatigables sous ce climat qui épuise les hommes du Nord, montés sur des chevaux sobres comme eux et comme eux insensibles à la chaleur, ils font, en un jour, cent ou cent trente kilomètres. N'ayant ni bagages, ni convois, ni provisions à traîner derrière eux, ils se déplacent avec une rapidité surprenante, passent entre deux colonnes campées pour aller attaquer et piller un village qui se croit en sûreté, disparaissent sans laisser de traces, puis reviennent brusquement alors qu'on les suppose bien loin.

Dans la guerre d'Europe, quelle que soit la promptitude de marche d'une armée, elle ne se déplace pas sans qu'on puisse en être informé. La masse des bagages ralentit fatalement les mouvements et indique toujours la route suivie. Un parti arabe, au contraire, ne laisse pas plus de marques de

son passage qu'un vol d'oiseaux. Ces cavaliers errants vont et viennent autour de nous
avec une célérité et des crochets d'hirondelles.

Quand ils attaquent, on les peut vaincre,
et presque toujours on les bat malgré leur
courage. Mais on ne peut guère les poursuivre; on ne peut jamais les atteindre
quand ils fuient. Aussi évitent-ils avec soin
les rencontres, et se contentent-ils en général de harceler nos troupes. Ils chargent
avec impétuosité, au galop furieux de leurs
maigres chevaux, arrivant comme une tempête de linge flottant et de poussière.

Ils déchargent, tout en galopant, leurs
longs fusils damasquinés, puis, soudain
décrivant une courbe brusque s'éloignent
ainsi qu'ils étaient venus, ventre à terre,
laissant sur le sol derrière eux, de place en
place, un paquet blanc qui s'agite, tombé
là comme un oiseau blessé qui aurait du
sang sur ses plumes.

PROVINCE D'ALGER

Les Algériens, les vrais habitants d'Alger ne connaissent guère de leur pays que la plaine de la Mitidja. Ils vivent tranquilles dans une des plus adorables villes du monde en déclarant que l'Arabe est un peuple ingouvernable, bon à tuer ou à rejeter dans le désert.

Ils n'ont vu d'ailleurs, en fait d'Arabes, que la crapulerie du sud qui grouille dans les rues. Dans les cafés, on parle de Laghouat, de Bou-Saada, de Saïda comme si ces pays étaient au bout du monde. Il est même assez rare qu'un officier connaisse les trois provinces. Il demeure presque toujours dans le même cercle jusqu'au moment où il revient en France.

Il est juste d'ajouter qu'il devient fort difficile de voyager dès qu'on s'aventure en dehors des routes connues dans le sud. On ne le peut faire qu'avec l'appui et les complaisances de l'autorité militaire. Les commandants des cercles avancés se considèrent comme de véritables monarques omnipotents; et aucun inconnu ne pourrait se hasarder à pénétrer sur leurs terres sans risquer gros... de la part des Arabes. Tout homme isolé serait immédiatement arrêté par les caïds, conduit sous escorte à l'officier le plus voisin, et ramené entre deux spahis sur le territoire civil.

Mais, dès qu'on peut présenter la moindre recommandation, on rencontre, de la part des officiers des bureaux arabes, toute la bonne grâce imaginable. Vivant seuls, si loin de tout voisinage, ils accueillent le voyageur de la façon la plus charmante ; vivant seuls, ils ont lu beaucoup, ils sont instruits, lettrés et causent avec bonheur ; vivant seuls dans ce large pays désolé, aux horizons infinis, ils savent penser comme les travailleurs solitaires. Parti avec les préventions qu'on a généralement en France contre ces bureaux, je suis revenu avec les idées les plus contraires.

C'est grâce à plusieurs de ces officiers que j'ai pu faire une longue excursion en dehors des routes connues, allant de tribu en tribu.

Le Ramadan venait de commencer. On était inquiet dans la colonie, car on craignait une insurrection générale dès que serait fini ce carême mahométan.

Le Ramadan dure trente jours. Pendant cette période, aucun serviteur de Mahomet ne doit boire, manger ou fumer depuis l'heure matinale où le soleil apparaît jusqu'à l'heure où l'œil ne distingue plus *un fil blanc d'un fil rouge*. Cette dure prescription n'est pas absolument prise à la lettre, et on voit briller plus d'une cigarette dès que l'astre de feu s'est caché derrière l'horizon, et avant que l'œil ait cessé de distinguer la couleur d'un fil rouge ou noir.

En dehors de cette précipitation, aucun Arabe ne transgresse la loi sévère du jeûne, de l'abstinence absolue. Les hommes, les femmes, les garçons à partir de quinze ans, les filles dès qu'elles sont nubiles c'est-à-dire entre onze et treize ans environ, demeurent le jour entier sans manger ni boire. Ne pas manger n'est rien; mais s'abstenir de boire est horrible par ces effrayantes chaleurs. Dans ce carême, il n'est point de dispense. Personne, d'ailleurs, n'oserait en demander; et les filles publiques elles-mêmes, les Oulad-Naïl, qui fourmillent dans tous les centres arabes et dans les grandes

oasis, jeûnent comme les marabouts, peut
être plus que les marabouts. Et ceux-là des
Arabes qu'on croyait civilisés, qui se montrent en temps ordinaire disposés à accepter
nos mœurs, à partager nos idées, à seconder
notre action, redeviennent tout à coup, dès
que le Ramadan commence, sauvagement
fanatiques et stupidement fervents.

Il est facile de comprendre quelle furieuse
exaltation résulte, pour ces cerveaux bornés
et obstinés, de cette dure pratique religieuse.
Tout le jour, ces malheureux méditent, l'estomac tiraillé, regardant passer les roumis
conquérants, qui mangent, boivent et fument
devant eux. Et ils se répètent que, s'ils
tuent un de ces roumis pendant le Ramadan,
ils vont droit au ciel, que l'époque de notre
domination touche à sa fin, car leurs marabouts leur promettent sans cesse qu'ils
vont nous jeter tous à la mer à coups de
matraque.

C'est pendant le Ramadan que fonctionnent spécialement les Aïssaouas, mangeurs de scorpions, avaleurs de serpents, saltimbanques religieux, les seuls, peut-être avec quelques mécréants et quelques nobles qui n'aient point une foi violente.

Ces exceptions sont infiniment rares ; je n'en pourrais citer qu'une seule.

Au moment de partir pour une marche de vingt jours dans le sud, un officier du cercle de Boghar demanda aux trois spahis qui l'accompagnaient de ne point faire le Ramadan, estimant qu'il ne pourrait rien obtenir de ces hommes exténués par le jeûne. Deux des soldats ont refusé, le troisième répondit : « Mon lieutenant, je ne fais pas le Ramadan, Je ne suis pas un marabout, moi, je suis un noble. »

Il était, en effet, *de grande tente*, fils d'une des plus anciennes et des plus illustres familles du désert.

Une coutume singulière persiste, qui date de l'occupation, et qui paraît profondément grotesque quand on songe aux résultats terribles que le Ramadan peut avoir pour nous. Comme on voulait, au début, se concilier les vaincus, et comme flatter leur religion est le meilleur moyen de les prendre, on a décidé que le canon français donnerait le signal de l'abstinence pendant l'époque consacrée. Donc, au matin, dès les premières rougeurs de l'aurore, un coup de canon commande le jeûne; et, chaque soir, vingt minutes environ après le coucher du soleil, de toutes les villes, de tous les forts, de toutes les places militaires, un autre coup de canon part qui fait allumer des milliers de cigarettes, boire à des milliers de gargoulettes et préparer par toute l'Algérie d'innombrables plats de kous-kous.

J'ai pu assister, dans la grande mosquée d'Alger, à la cérémonie religieuse qui ouvre le Ramadan.

L'édifice est tout simple, avec ses murs

blanchis à la chaux et son sol couvert de tapis épais. Les Arabes entrent vivement, nu-pieds, avec leurs chaussures à la main. Ils vont se placer par grandes files régulières, largement éloignées l'une de l'autre et plus droites que des rangs de soldats à l'exercice. Ils posent leurs souliers devant eux, par terre, avec les menus objets qu'ils pouvaient avoir aux mains; et ils restent inmobiles comme des statues, le visage tourné vers une petite chapelle qui indique la direction de La Mecque.

Dans cette chapelle, le mufti officie. Sa voix vieille, douce, bêlante et très monotone, vagit une espèce de chant triste qu'on n'oublie jamais quand une fois seulement on a pu l'entendre. L'intonation souvent change, et alors tous les assistants, d'un seul mouvement rythmique, silencieux et précipité, tombent le front par terre, restent prosternés quelques secondes et se relèvent sans qu'aucun bruit soit entendu, sans que rien ait voilé une seconde le petit chant tremblotant du mufti. Et sans cesse toute 'assistance ainsi s'abat et se redresse avec une promptitude, un silence et une régularité fantastiques. On n'entend point là dedans le fracas des chaises, les toux et les chuchotements des églises catholiques. On sent qu'une foi sauvage plane, emplit ces gens, les courbe et les relève comme des pantins; c'est une foi muette et tyrannique envahissant les corps, immobilisant les faces, tordant les cœurs. Un indéfinissable sentiment de respect mêlé de pitié vous prend devant ces fanatiques maigres, qui n'ont point de ventre pour gêner leurs souples prosternations, et qui font de la religion avec le mécanisme et la rectitude des soldats prussiens faisant la manœuvre.

Les murs sont blancs, les tapis, par terre, sont rouges; les hommes sont blancs, ou rouges ou bleus avec d'autres couleurs encore, suivant la fantaisie de leurs vêtements d'apparat, mais tous sont largement drapés, d'allure fière; et ils reçoivent sur la tête et les épaules la lumière douce tombant des lustres.

Une famille de marabouts occupe une estrade et chante les répons avec la même intonation de tête donnée par le mufti. Et cela continue indéfiniment.

C'est pendant les soirs du Ramadan qu'il faut visiter la Casbah. Sous cette dénomination de Casbah, qui signifie citadelle, on a fini, par désigner la ville arabe tout entière. Puisqu'on jeûne et qu'on dort le jour, on mange et on vit la nuit. Alors ces petites rues rapides comme des sentiers de montagne, raboteuses, étroites comme des galeries creusées par des bêtes, tournant sans cesse, se croisant et se mêlant, et si profondément mystérieuses que, malgré soi, on y parle à voix basse, sont parcourues par une population des *Mille et une nuits*. C'est l'impression exacte qu'on y ressent. On fait un voyage en ce pays que nous a conté la sultane Schéhérazade. Voici les portes basses, épaisses comme des murs de prison, avec d'admirables ferrures ; voici les femmes voilées ; voilà, dans la profondeur des cours entr'ouvertes, les visages un moment aperçus, et voilà encore tous les bruits vagues dans le fond de ces maisons closes comme des coffrets à secret. Sur les seuils, souvent des hommes allongés mangent et boivent. Parfois leurs groupes vautrés occupent tout l'étroit passage. Il faut enjamber des mollets nus, frôler des mains, chercher la place où poser le pied au milieu d'un paquet de linge blanc étendu et d'où sortent des têtes et des membres.

Les juifs laissent ouvertes les tanières qui leur servent de boutiques ; et les maisons de plaisir clandestines, pleines de rumeurs, sont si nombreuses qu'on ne

marche guère cinq minutes sans en rencontrer deux ou trois.

Dans les cafés arabes, des files d'hommes
tassés les uns contre les autres, accroupis
sur la banquette collée au mur, ou simplement restés par terre, boivent du café en
des vases microscopiques. Ils sont là immobiles et muets, gardant à la main leur tasse
qu'ils portent parfois à leur bouche, par un
mouvement très lent, et ils peuvent tenir à
vingt, tant ils sont pressés, en un espace où
nous serions gênés à dix.

Et des fanatiques à l'air calme vont et
viennent au milieu de ces tranquilles bu-
veurs, prêchant la révolte, annonçant la fin
de la servitude.

C'est, dit-on, au ksar (village arabe) de
Boukhrari que se produisent toujours les
premiers symptômes des grandes insurrections. Ce village se trouve sur la route de
Laghouat. Allons-y.

Quand on regarde l'Atlas, de l'immense

plaine de la Mitidja, on aperçoit une coupure gigantesque qui fend la montagne dans la direction du sud. C'est comme si un coup de hache l'eût ouverte. Cette trouée s'appelle la gorge de la Chiffa. C'est par là que passe la route de Médéah, de Boukhrari et de Laghouat.

On entre dans la coupure du mont ; on suit la mince rivière, la Chiffa ; on s'enfonce dans la gorge étroite, sauvage et boisée.

Partout des sources. Les arbres gravissent les parois à pic, s'accrochent partout, semblent monter à l'escalade.

Le passage se rétrécit encore. Les rochers droits vous menacent ; le ciel apparaît comme une bande bleue entre les sommets ; puis soudain, dans un brusque détour, une petite auberge se montre à la naissance d'un ravin couvert d'arbres. C'est l'auberge du *Ruisseau-des-Singes*.

Devant la porte, l'eau chante dans les réservoirs ; elle s'élance, retombe, emplit ce coin de fraîcheur, fait songer aux calmes vallons suisses. On se repose, on s'assoupit à l'ombre ; mais soudain, sur votre tête, une branche remue ; on se lève — alors dans toute l'épaisseur du feuillage c'est une fuite précipitée de singes, des bondissements, des dégringolades, des sauts et des cris.

Il y en a d'énormes et de tout petits, des centaines, des milliers peut-être. Le bois en est rempli, peuplé, fourmillant. Quelques-uns, captivés par les maîtres de l'auberge, sont carressants et tranquilles. Un tout jeune, pris l'autre semaine, reste un peu sauvage encore.

Sitôt que l'on demeure immobile, ils approchent, vous guettent, vous observent. On dirait que le voyageur est la grande dis-traction des habitants de ce vallon. Dans certains jours, pourtant, on n'en aperçoit pas un seul.

Après l'auberge du *Ruisseau-des-Singes*, la vallée s'étrangle encore ; et soudain, à

gauche, deux grandes cascades s'élancent
presque du sommet du mont : deux cascades claires, deux rubans d'argent. Si vous
saviez comme c'est doux à voir des cascades,
sur cette terre d'Afrique ! On mohte, longtemps, longtemps. La gorge est moins
profonde, moins boisée. On monte encore,
la montagne se dénude peu à peu. Ce sont
des champs à présent; et, quand on parvient au faîte, on rencontre des chênes, des
saules, des ormeaux, les arbres de nos pays.
On couche à Médéah, blanche petite ville
toute pareille à une sous-préfecture de
France.

C'est après Médeah que recommencent
les féroces ravages du soleil. On franchit
une forêt pourtant, mais une forêt maigre,
pelée, montrant partout la peau brûlante de
la terre bientôt vaincue. Puis plus rien de
vivant autour de nous.

Sur ma gauche un vallon s'ouvre, aride et
rouge, sans une herbe; il s'étend au loin,

pareil. à une cuve de sable. Mais soudain
une grande ombre, lentement, le traverse.
Elle passe d'un bout à l'autre, tache fuyante
qui glisse sur le sol nu. Elle est, cette
ombre, la vraie, la seule habitante de ce
lieu morne et mort. Elle semble y régner,
comme un génie mystérieux et funeste.

Je lève les yeux, et je l'aperçois qui s'en
va, les ailes étendues, immobiles, le grand
dépeceur de charognes, le vautour maigre
qui plane sur son domaine, au-dessous de
cet autre maître du vaste pays qu'il tue, le
soleil, le dur soleil.

Quand on descend vers Boukhrari, on
découvre, à perte de vue, l'interminable
vallée du Chélif. C'est, dans toute sa hideur,
la misère, la jaune misère de la terre. Elle
apparaît loqueteuse comme un vieux pauvre arabe, cette vallée que parcourt l'ornière sale du fleuve sans eau, bu jusqu'à sa
boue par le feu du ciel. Cette fois il a tout
vaincu, tout dévoré, tout pulvérisé, tout cal-

ciné, ce feu qui remplace l'air, emplit l'horizon.

Quelque chose vous passe sur le front : ailleurs ce serait du vent, ici c'est du feu. Quelque chose flotte là-bas sur les crêtes pierreuses : ailleurs, ce serait une brume, ici c'est du feu, ou plutôt de la chaleur visible. Si le sol n'était point déjà calciné jusqu'aux os, cette étrange buée rappellerait la petite fumée qui s'élève des chairs vives brûlées au fer rouge. Et tout cela a une couleur étrange, aveuglante et pourtant veloutée, la couleur du sable chaud auquel semble se mêler une nuance un peu violacée, tombée du ciel en fusion.

Point d'insectes dans cette poussière de terre. Quelques grosses fourmis seulement. Les mille petits êtres qu'on voit chez nous ne pourraient vivre dans cette fournaise. En certains jours torrides, les mouches elles-mêmes meurent, comme au retour des froids dans le Nord. C'est à peine si on

peut élever des poules. On les voit, les
pauvres bêtes, qui marchent, le bec ouvert
et les ailes soulevées, d'une façon lamenta-
ble et comique.

Depuis trois ans, les dernières sources
tarissent. Et le tout-puissant Soleil semble
glorieux de son immense victoire.

Cependant, voici quelques arbres, quelques pauvres arbres. C'est Bogar, à droite,
au sommet d'un mont poudreux.

A gauche, dans un repli rocheux, cou-
ronnant un monticule et à peine distinct du
sol, tant il en a pris la coloration monotone,
un grand village se dresse sur le ciel, c'est
le ksar de Boukhrari.

Au pied du cône de poussière qui porte
ce vaste village arabe, quelques maisons
sont cachées dans le mouvement de la colline; elles forment la commune mixte.

Le ksar de Boukhrari est un des plus
considérables villages arabes de l'Algérie.
Il se trouve juste sur la frontière du Sud,

un peu au delà du Tell, dans la zône de transition entre les pays européenisés et le grand Désert. Sa situation lui donne une singulière importance politique, car elle en fait une sorte de trait d'union entre les Arabes du littoral et les Arabes du Sahara. Aussi a-t-il toujours été le pouls des insurrections. C'est là qu'arrive le mot d'ordre, c'est de là qu'il repart. Les tribus les plus éloignées envoient leurs gens pour savoir ce qui se passe à Boukhrari. On a l'œil sur ce point de toutes les parties de l'Algérie.

L'administration française, seule, ne s'occupe point de ce qui se trame à Boukhrari. Elle en a fait une commune de plein exercice, sur le modèle des communes de France, administrée par un maire, vieux paysan à l'œil endormi, flanqué d'un garde champêtre. Entre et sort qui veut. Les Arabes venus de n'importe où peuvent circuler, causer, intriguer à leur guise sans être gênés en rien.

Au pied du ksar, à deux ou trois cents mètres, la commune mixte est gouvernée par l'administrateur civil qui dispose des pouvoirs les plus étendus sur un territoire nu, qu'il est presque inutile de surveiller. Il ne peut empiéter sur les attributions du maire son voisin.

En face, sur la montagne, est Boghar, où habite le commandant supérieur du cercle militaire. Il a entre les mains les moyens d'action les plus actifs, mais il ne peut rien dans le ksar, COMMUNE DE PLEIN EXERCICE. Or le ksar n'est habité que par des Arabes. C'est le point dangereux qu'on respecte, tandis qu'on surveille avec soin les environs. On soigne le mal dans ses effets et non dans sa cause.

Qu'arrive-t-il ? Le commandant et l'administrateur, quand ils s'entendent, organisent une sorte de police secrète à l'insu du maire, et tâchent d'être informés mystérieusement.

N'est-il point surprenant de voir ce centre

arabe, reconnu dangereux par tout le monde, plus libre qu'une ville de France, tandis qu'il serait impossible à un Français quelconque, s'il n'était protégé par quelque personnage influent, de pénétrer et de circuler sur le territoire militaire des cercles avancés du Sud.

Dans la commune mixte on trouve une auberge. J'y passai la nuit, une nuit d'étuve. L'air semblait brûlé par la flamme du dernier jour. Il ne remuait plus, comme s'il eût été figé par la chaleur.

Aux premières lueurs de l'aurore, je me levai. Le soleil parut, acharné à sa besogne d'incendiaire. Devant ma fenêtre ouverte sur l'horizon déjà torride et silencieux une petite diligence dételée attendait. On lisait sur le panneau jaune : « Courrier du Sud ! »

Courrier du Sud ! On allait donc encore plus au sud en ce terrible mois d'août. Le Sud ! quel mot rapide, brûlant ! Le Sud ! Le feu ! Là-bas, au Nord, on dit en parlant des pays tièdes « le Midi ». Ici c'est « le Sud ».

Je regardais cette syllabe si courte qui me paraissait surprenante comme si je ne l'avais jamais lue. J'en découvrais, me semblait-il, le sens mystérieux. Car les mots les plus connus comme les visages souvent regardés ont des significations secrètes, dont on s'aperçoit tout d'un coup, un jour, on ne sait pourquoi.

Le Sud ! Le désert, les nomades, les terres inexplorées et puis les nègres, tout un monde nouveau, quelque chose comme le commencement d'un univers ! Le sud ! comme cela devient énergique sur la frontière du Sahara.

Dans l'après-midi j'allai visiter le Ksar.

Boukhrari est le premier village où l'on rencontre des Oulad-Naïl. On est saisi de stupéfaction à l'aspect de ces courtisanes du désert.

Les rues populeuses sont pleines d'Arabes couchés en travers des portes, en travers de la route, accroupis, causant à

voix basse ou dormant. Partout leurs vêtements flottants et blancs semblent augmenter la blancheur unie des maisons. Point
de taches, tout est blanc ; et soudain une
femme apparaît, debout sur une porte,
avec une large coiffure qui semble d'origine assyrienne, surmontée d'un énorme
diadème d'or.

Elle porte une longue robe rouge éclat-
tante. Ses bras et ses chevilles sont cerclés
de bracelets étincelants ; et sa figure aux
lignes droites est tatouée d'étoiles bleues.

Puis en voici d'autres, beaucoup d'autres,
avec la même coiffure monumentale : une
montagne carrée qui laisse pendre de chaque
côté une grosse tresse tombant jusqu'au
bas de l'oreille, puis relevée en arrière pour
se perdre de nouveau dans la masse opaque
des chevenx. Elles portent toujours des diadèmes dont quelques-uns sont fort riches. La
poitrine est noyée sous les colliers, les me-
dailles, les lourds bijoux ; et deux fortes

chaînettes d'argent font tomber jusqu'au bas-bas ventre une grosse serrure de même métal, curieusement ciselée à jour et dont la clef pend au bout d'une autre chaîne.

Quelques-unes de ces filles n'ont encore que de minces bracelets. Elles débutent. Les autres, les anciennes, montrent sur elles quelquefois pour dix ou quinze mille francs de bijoux. J'en ai vu une dont le collier était formé de huit rangées de pièces de vingt francs. Elles gardent ainsi leur fortune, leurs économies laborieusement gagnées. Les anneaux de leurs chevilles sont en argent massif et d'un poids surprenant. En effet dès qu'elles possèdent en pièces d'argent la valeur de deux ou trois cents francs, elles les donnent à fondre aux bijoutiers mozabites, qui leur rendent alors ces anneaux ciselés, ou ces serrures symboliques, ou ces chaînes, ou ces larges bracelets. Les diadèmes qui les couronnent sont obtenus de la même façon.

Leur coiffure monumentale, emmêlement savant et compliqué de tresses entortillées, demande presque un jour de travail et une incroyable quantité d'huile. Aussi ne se font-elles guère recoiffer que tous les mois, et prennent-elles un soin extrême à ne point compromettre, dans leurs amours, ce haut et difficile édifice de cheveux qui répand, en peu de temps, une intolérable odeur.

C'est le soir qu'il faut les voir, quand elles dansent au café Maure.

Le village est silencieux. Des formes blanches gisent étendues le long des maisons. La nuit brûlante est criblée d'étoiles ; et ces étoiles d'Afrique brillent d'une clarté que je ne leur connaissais pas, une clarté de diamants de feu, palpitante, vivante, aiguë.

Tout à coup, au détour d'une rue, un bruit vous frappe, une musique sauvage et précipitée, un grondement saccadé de tambours de basque que domine la clameur aigre, continue, abrutissante, assourdissante et féroce d'une flûte qu'emplit de son souffle infatigable un grand diable à la peau d'ébène, le maître de l'établissement,

Devant la porte, unmonce au de burnous, un paquet d'Arabes, qui regardent sans entrer etqui forment une grande lueur mouvante sous la clarté venue de l'intérieur.

Au dedans, des files d'êtres immobiles et blancs assis sur des planches, le long des murs blancs, sous un toit très bas. Et par terre, accroupies, avec leurs oripeaux flamboyants, leurs éclatants bijoux, leurs faces tatouées, leurs hautes coiffures à diadèmes qui rappellent les bas-reliefs égyptiens, les Oulad-Naïl attendent.

Nous entrons. Personne ne bouge. Alors, pour nous asseoir, et selon l'usage, on saisit les Arabes, on les bouscule, on les rejette de leurs bancs ; et ils s'en vont, impassibles. D'autres se tassent pour leur faire place

Sur une estrade, au fond, les quatre tam-
bourineurs, avec des poses extatiques, battent frénétiquement la peau tendue des instruments ; et le maître, le grand nègre, se
promène d'un pas majestueux, en soufflant
furieusement dans sa flûte enragée, sans un
repos, sans une défaillance d'une seconde.

Alors, deux Oulad-Naïl se lèvent, vont se
placer aux extrémités de l'espace laissé libre
entre les bancs et elles se mettent à danser.
Leur danse est une marche douce que rythme
un coup de talon faisant sonner les anneaux
des pieds. A chacun de ces coups, le corps
entier fléchit dans une sorte de boiterie mé-
thodique ; et leurs mains, élevées et tendues
à la hauteur de l'œil, se retournent doucement à chaque retour du sautillement, avec
une vive trépidation, une secousse rapide des
doigts. La face un peu tournée, rigide, im-
passible, figée, demeure étonnamment immobile, une face de sphinx, tandis que le
regard oblique reste tendu sur les ondula-

tions de la main, comme fasciné par ce mouvement doux, que coupe sans cesse la brusque convulsion des doigts.

Elles vont ainsi, l'une vers l'autre. Quand elles se rencontrent, leurs mains se touchent ; elles semblent frémir ; leurs tailles se renversent, laissant traîner un grand voile de dentelle qui va de la coiffure aux pieds. Elles se frôlent, cambrées en arrière, comme pâmées dans un joli mouvement de colombes amoureuses. Le grand voile bat comme une aile. Puis, redressées soudain, redevenues impassibles, elles se séparent ; et chacune continue jusqu'à la ligne des spectacteurs son glissement lent et boitillant.

Toutes ne sont point jolies ; mais toutes sont singulièrement étranges. Et rien ne peut donner l'idée de ces Arabes accroupis au milieu desquels passent, de leur allure calme et scandée, ces filles couvertes d'or et d'étoffes flamboyantes.

B.

Quelquefois elles varient un peu les gestes de leur danse.

Ces prostituées venaient jadis d'une seule tribu, les Oulad-Naïl. Elles amassaient ainsi leur dot et retournaient ensuite se marier chez elles, après fortune faite. On ne les en estimait pas moins dans leur tribu ; c'était l'usage. Aujourd'hui, bien qu'il soit toujours admis que les filles des Oulad-Naïl aillent faire fortune au loin par ce moyen, toutes les tribus fournissent des courtisanes aux centres arabes.

Le propriétaire du café où elles se montrent et s'offrent est toujours un nègre ! Dès qu'il voit entrer des étrangers, cet industriel s'applique sur le front une pièce de cinq francs en argent, qui tient collée à la peau par on ne sait quel procédé. Et il marche à travers son établissement en jouant férocement de sa flûte sauvage, montrant avec obstination la monnaie dont il s'est tatoué pour inviter le visiteur à lui en offrir autant.

Celles des Oulad-Naïl qui sont de grande tente apportent dans leurs relations avec leurs visiteurs toute la générosité et la délicatesse que comporte leur origine. Il suffit d'admirer une seconde l'épais tapis qui sert de lit pour que le serviteur de la noble prostituée apporte à son amant d'une minute, dès qu'il a regagné sa demeure, l'objet qui l'avait frappé.

Elles ont, comme les filles de France, des protecteurs qui vivent de leurs fatigues. On trouve parfois au matin une d'elles au fond d'un ravin, la gorge ouverte d'un coup de couteau, dépouillée de tous ses bijoux. Un homme qu'elle aimait a disparu ; et on ne le revoit jamais.

Le logement où elles reçoivent est une étroite chambre aux murs de terre. Dans les oasis le plafond est souvent fait simplement de roseaux tassés les uns sur les autres et où vivent des armées de scorpions. La couc se compose de tapis superposés.

Les gens riches arabes, ou français, qui veulent passer une nuit de luxueuse orgie, louent jusqu'à l'aurore le bain maure avec les serviteurs du lieu. Ils boivent et mangent dans l'étuve, et modifient l'usage des divans de repos.

Cette question de mœurs m'amène à un sujet bien difficile.

Nos idées, nos coutumes, nos instincts diffèrent si absolument de ceux qu'on rencontre en ces pays qu'on ose à peine parler chez nous d'un vice si fréquent là-bas que les Européens ne s'en étonnent ni ne s'en scandalisent même plus. On arrive à en rire au lieu de s'indigner. C'est là une matière fort délicate, mais qu'on ne peut passer sous silence quand on veut essayer de raconter la vie arabe, de faire comprendre le caractère particulier de ce peuple.

On rencontre ici à chaque pas ces amours antinaturelles entre êtres du même sexe que recommandait Socrate, *l'ami* d'Alcibiade.

Souvent, dans l'histoire, en trouve des exemples de cette étrange et malpropre passion à laquelle s'abandonnait César, que les Romains et les Grecs pratiquèrent constamment, que Henri III mit à la mode en France et dont on suspecta bien des grands hommes. Mais ces exemples ne sont cependant que des exceptions d'autant plus remarquées qu'elles sont assez rares. En Afrique cet amour anormal est entré si profondément dans les mœurs que les Arabes semblent le considérer comme aussi naturel que l'autre.

D'où vient cette déviation de l'instinct ? De plusieurs causes sans doute. La plus apparente est la rareté des femmes séquestrées par les riches qui possèdent quatre épouses légitimes et autant de concubines qu'ils en peuvent nourrir. Peut-être aussi l'ardeur du climat, .qui exaspère les désirs sensuels, a-t-elle émoussé chez ces hommes de tempérament violent la délicatesse, la finesse, la propreté intellectuelle qui nous préservent des habitudes et des contacts répugnants.

Peut-être encore trouve-t-on là une sorte de tradition des mœurs de Sodome, une hérédité vicieuse chez ce peuple nomade; inculte, presque incapable de civilisation, demeuré aujourd'hui tel qu'il était aux temps bibliques.

Oserai-je citer quelques exemples récents et bien caractéristiques de la puissance de cette passion chez l'Arabe.

Le Hammam eut, dans ses débuts, parmi les garçons des bains, un petit nègre d'Algérie. Après un séjour de quelque temps à Paris, ce jeune homme revint en Afrique. Or, un matin, on trouva dans une caserne deux soldats indigènes assassinés ; et l'enquête démontra bien vite que le meurtrier n'était autre que l'ancien employé du Hammam, qui, du même coup, avait tué ses deux amants. Des relations intimes s'étant établies entre ces hommes qui s'étaient connus par lui, il avait découvert leur liaison, et, jaloux de tous les deux, les avait égorgés.

De pareils faits sont très fréquents.

Voici maintenant un autre drame.

Un jeune Arabe de grande tente (?) était connu dans toute la contrée pour ses habitudes amoureuses qui faisaient aux Oulad-Naïl une déloyale concurrence.

Ses frères lui reprochèrent plusieurs fois non pas ses mœurs, mais sa vénalité. Comme il ne changeait en rien ses habitudes, ils lui donnèrent huit jours pour renoncer à son commerce. Il ne tint pas compte de cet avertissement.

Le neuvième jour au matin, on le trouva mort, étranglé, le corps nu et la tête voilée, au milieu du cimetière arabe. Quand on découvrit la figure, on aperçut une pièce de monnaie violemment incrustée, d'un coup de talon, dans la chair du front, et, sur cette pièce, une petite pierre noire.

A côté du drame une comédie.

Un officier de spahis cherchait en vain un ordonnance. Tous les soldats qu'il employait étaient mal habillés, sales, peu soigneux, impossibles à garder. Un matin, un jeune cavalier arabe se présente, fort beau, intelligent, d'allure fine. Le lieutenant le prit à l'essai. C'était une trouvaille, un garçon actif, propre, silencieux, plein d'attention et d'adresse. Tout alla bien pendant huit jours. Le neuvième jour au matin, comme le lieutenant rentrait de sa promenade quotidienne, il aperçut devant sa porte un vieux spahis en train de cirer ses bottes. Il passa dans le vestibule ; un autre spahis balayait. Dans la chambre un troisième faisait le lit. Un quatrième, au loin, chantait dans l'écurie, tandis que le véritable ordonnance, le jeune Mohammed fumait des cigarettes, couché sur un tapis.

Stupéfait, le lieutenant appela un de ces remplaçants inattendus, et, lui montrant ses camarades : — « Qu'est-ce que vous f....ichez ici, vous autres ? »

L'Arabe immédiatement s'expliqua : — « Mon lieutenant, c'est le lieutenant indigène qui nous a envoyés. (Chaque lieutenant français, en effet, est doublé d'un officier indigène qui lui est subordonné.)

— « Ah ! c'est le lieutenant indigène. Et, pourquoi ça ? »

Le soldat reprit : — « Mon lieutenant, il nous a dit : « Allez-vous-en chez le lieutenant et faites-moi tout l'ouvrage de Mohammed. Mohammed il doit rien faire, parce que c'est la femme du lieutenant. »

Cette attention délicate coûta d'ailleurs à l'officier indigène deux mois d'arrêts.

Ce qui prouve combien ce vice est entré dans les mœurs des arabes, c'est que tout prisonnier qui leur tombe dans les mains est aussitôt utilisé pour leurs plaisirs. S'ils sont nombreux, l'infortuné peut mourir à la suite de ce supplice de volupté.

Quand la justice est appelée à constater un assassinat, elle constate aussi fort souvent que le cadavre a été violé, après la mort, par le meurtrier.

Il est encore d'autres faits fort communs et tellement ignobles que je ne les puis rapporter ici.

En redescendant, un soir, de Boukhrari, vers le coucher du soleil, j'aperçus trois Oulad-Naïl, deux en rouge et une en bleu, debout au milieu d'une foule d'hommes assis à l'orientale ou couchés. Elles avaient l'air de divinités sauvages dominant un peuple prosterné.

Tous avaient les yeux fixés sur le fort de Boghar, là-bas, sur la grande côte en face, sur l'autre versant de la vallée poudreuse. Tous étaient immobiles, attentifs comme s'ils eussent attendu quelque événement surprenant. Tous tenaient à la main une cigarette vierge encore et qu'ils venaient de rouler.

Soudain une petite fumée blanche jaillit au sommet de la forteresse, et, aussitôt, dans toutes les bouches pénétrèrent toutes les cigarettes, tandis qu'un bruit sourd et lointain faisait un peu frémir le sol. C'était le canon français annonçant aux vaincus le terme de l'abstinence quotidienne.

LE ZAR' EZ

Comme je déjeunais un matin au fort de Boghar chez le capitaine du bureau arabe, un des officiers les plus obligeants, et les plus capables qui soient dans le Sud, au dire des gens compétents, on parla d'une mission qu'allaient remplir deux jeunes lieutenants. Il s'agissait de faire un long crochet sur les territoires des cercles de Boghar, Djelfa, et Bou Saada pour déterminer les points d'eau. On craignait toujours une insurrection générale dès la fin du Ramadan et on voulait préparer la marche d'une colonne expéditionnaire à travers les tribus qui peuplent cette partie du pays.

Aucune carte précise n'existe encore de ces contrées. On n'a que les sommaires relevés topographiques faits par les rares officiers qui passent de temps en temps, les indications approximatives des sources et des puits, les notes griffonnées vivement sur le pommeau de la selle, et les rapides dessins faits à l'œil, sans instruments d'aucune sorte.

Je demandai aussitôt l'autorisation de me joindre à la petite troupe. Elle me fut accordée de la meilleure grâce du monde.

Nous sommes partis deux jours plus tard.

Il était trois heures du matin quand un spahis vint m'éveiller en frappant fortement à la porte de la pauvre auberge de Boukhrari.

Quand j'eus ouvert, l'homme se présenta avec sa veste rouge brodée de noir, son large pantalon plissé, finissant au genou, là où commencent les bas en cuir cramoisi des cavaliers du désert. C'était un Arabe de taille moyenne. Son nez courbé avait été fendu d'un coup de sabre, et la cicatrice laissait ouverte toute la narine du côté gauche. Il s'appelait Bou-Abdallah. Il me dit :

— Mossieu, ton cheval il est prêt.

Je demandai :

— Le lieutenant est-il arrivé?

Il me répondit :

— Va venir.

Bientôt, un bruit lointain s'éleva dans la vallée obscure et nue ; puis des ombres et des silhouettes apparurent, passèrent. Je distinguai seulement les trois corps étranges et lents des trois chameaux qui portaient les cantines, nos lits de camp et les quelques objets que nous prenions pour un voyage de vingt jours dans une solitude à peine connue des officiers eux-mêmes.

Puis bientôt, toujours dans la direction du fort de Boghar, retentit le galop rapide d'une troupe de cavaliers; et les deux lieutenants qui s'en allaient en mission parurent avec leur escorte, composée d'un autre spahis et d'un cavalier arabe appelé Dellis, un homme de grande tente, d'une illustre famille indigène.

Je montai immédiatement à cheval, et l'on partit.

.La nuit était encore absolue, calme, on pourrait dire immobile. Après avoir remonté quelque temps vers le nord, en suivant la vallée du Chélif, nous tournâmes à droite dans un vallon, juste au moment où le jour naissait.

En ce pays, soir et matin, le crépuscule n'existe pas. Presque jamais on ne voit non plus ces belles nuées traînantes, empourprées, découpées, bigarrées et bizarres, saignantes ou enflammées, qui colorent nos horizons du Nord au moment où le soleil se lève, ainsi qu'à l'heure où le soleil se couche.

Ici, c'est d'abord une lueur très vague, qui augmente, s'étend, envahit tout l'espace en quelques instants. Puis soudain, à la crête d'un mont, ou bien au bord de la plaine infinie, le soleil apparaît tel qu'il va monter au ciel, et sans avoir cet aspect rougeoyant, comme endormi encore, qu'ont ses levers en nos pays brumeux.

Mais ce qu'il y a de plus singulier dans ces aurores du désert, c'est le silençe.

Qui ne connaît, chez nous, ce premier cri d'oiseau bien avant le jour, dès les premières pâleurs du ciel; puis, cet autre cri qui répond dans l'arbre voisin; puis enfin cet incessant charivari de sifflets, de ritournelles répétées, de notes vives, avec le chant lointain et continu des coqs; toute cette rumeur du réveil des bêtes, toute cette gaieté des voix dans les feuilles.

Ici, rien. L'énorme soleil s'élève au-dessus de cette terre qu'il a dévastée, et il semble déjà la regarder en maître, comme pour voir si rien de vivant n'existe plus. Pas un cri de bête, sauf parfois le hennissement d'un cheval ; pas un mouvement de vie, sauf, lorsqu'on a campé dans le voisinage d'un puits, le long, lent et muet défilé des troupeaux qui s'en viennent boire.

Tout de suite la chaleur est brûlante. On met, par-dessus le capuchon de flanelle et le casque blanc, l'immense *médol*, chapeau de paille à bords démesurés.

Nous suivions le vallon, lentement. Auss loin que la vue allait, tout était nu, d'un gris jaune, ardent et superbe. Parfois au milieu des bas-fonds où croupissait un reste d'eau, dans le lit vidé des rivières, quelques joncs verts faisaient une tache crue et toute petite ; parfois, dans un repli de la montagne, deux ou trois arbres indiquaient une source. Nous n'étions point encore dans la contrée assoiffée que nous devions bientôt traverser.

On montait indéfiniment. D'autres petits

vallons se jetaient dans le nôtre; et, à mesure que nous approchions de midi, les horizons se perdaient un peu dans une légère buée de chaleur, dans une fumée de terre rôtie, qui noyait les lointains en des tons à peine bleus, à peine roses, à peine blancs, mais qui avaient cependant un peu de tout cela, et qui semblaient d'une douceur, d'une tendresse, d'un charme infinis, au-delà de l'éclat aveuglant du paysage immédiat.

Enfin on arriva sur la crête de la montagne, et le caïd El-Akhedar-ben-Yahia, chez qui nous allions camper, apparut, venant vers nous, suivi de quelques cavaliers. C'est un Arabe de sang illustre, le fils du bach'agha Yahia-ben-Aïssa, surnommé le « Bach'agha à la jambe de bois ».

Il nous conduisit au campement préparé auprès d'une source, sous quatre arbres géants dont l'eau sans cesse baignait le pied, seule verdure qu'on aperçût par tout l'horizon de sommets pierreux et secs qui s'étendait à perte de vue autour de nous.

On servit tout de suite le déjeuner, auquel le Ramadan interdisait au caïd de prendre part. Mais, afin de veiller à ce que nous ne manquions de rien, il s'assit en face de nous, à côté de son frère El-Haoués-ben-Yahia, caïd des Oulad-Alane-Berchieh. Alors je vis s'approcher un enfant d'une douzaine d'années, un peu grêle, mais d'une grâce fière et charmante, que j'avais déjà remarqué quelques jours auparavant au milieu des Oulad-Naïl dans le café maure de Boukhrari.

J'avais été frappé par la finesse et l'éclatante blancheur de vêtements de ce frêle petit Arabe, par son allure noble, et par le respect que chacun semblait lui témoigner; et, comme je m'étonnais qu'on le laissât ainsi rôder, à cet âge, au milieu des courtisanes, on me répondit : « C'est le plus jeune fils du bach'agha. Il vient ici pour apprendre la vie et connaître les femmes !!! » Comme nous voici loin de nos mœurs françaises !

L'enfant me reconnut aussi et vint gravement me tendre la main. Puis, comme son âge ne le contraignait pas encore au jeûne, il s'assit avec nous et se mit, de ses petits doigts fins et maigres, à dépecer le mouton rôti. Et je crus comprendre que ses grands frères, les deux caïds, qui devaient avoir environ quarante ans, le plaisantaient sur son voyage au ksar, lui demandant d'où lui venait cette cravate de soie qu'il portait au cou, si c'était un cadeau de femme?

Ce jour-là, l'ombre des arbres nous permit de faire la sieste. Je me réveillai comme le soir tombait, et je gravis un monticule voisin pour avoir l'œil sur tout l'horizon.

Le soleil, près de disparaître, se teintait de rouge, au milieu d'un ciel orange. Et partout, du nord au midi, de l'est à l'ouest, les files de montagnes dressées sous mes yeux jusqu'aux extrêmes limites du regard étaient roses, d'un rose extravagant comme les plumes des flamants. On eût dit une féerique apothéose d'opéra d'une surprenante et invraisemblable couleur, quelque chose de factice, de forcé, et contre nature, et de singulièrement admirable cependant.

Le lendemain nous redescendions dans la plaine de l'autre côté de la montagne, une plaine infinie que nous mîmes trois jours à traverser, bien qu'on vît distinctement la chaîne du Djebel-Gada qui la fermait en face de nous.

C'était tantôt une morne étendue de sable, ou plutôt de poussière de terre, tantôt un océan de touffes d'alfa piquées au hasard dans le sol, et qui forçaient nos chechevaux à ne marcher qu'en zig-zag.

Ces plaines d'Afrique sont surprenantes.

Elles paraissent nues et plates comme un parquet, et elles sont, au contraire, sans cesse traversées d'ondulations, comme une mer après la tempête, qui, de loin, semble toute calme parce que la surface est lisse, mais que remuent de longs soulèvements tranquilles. Les pentes de ces vagues de terre sont insensibles; jamais on ne perd de vue les montagnes de l'horizon, mais dans l'ondulation parallèle, à deux kilomètres de vous, une armée pourrait se cacher et vous ne la verriez point.

C'est ce qui rendit si difficile la poursuite de Bou-Amama sur les hauts plateaux alfatiers du sud-oranais.

Chaque matin, on se remet en marche dès l'aurore à travers ces interminables et mornes étendues; chaque soir, on aperçoit venir quelques hommes à cheval et drapés de blanc qui vous conduisent vers une tente rapiécée sous laquelle des tapis sont étalés. On mange tous les jours les mêmes choses, on cause un peu, puis l'on dort, ou l'on rêve.

Et, si vous saviez comme on est loin, loin du monde, loin de la vie, loin de tout, sous cette petite tente basse qui laisse voir, par ses trous, les étoiles, et, par ses bords relevés, l'immense pays du sable aride !

Elle est monotone, toujours pareille, toujours calcinée et morte, cette terre ; et, là, pourtant, on ne désire rien, on ne regrette rien, on n'aspire à rien. Ce paysage calme, ruisselant de lumière et désolé, suffit à l'œil, suffit à la pensée, satisfait les sens et le rêve, parce qu'il est complet, *absolu*, et qu'on ne pourrait le concevoir autrement. La rare verdure même y choque comme une chose fausse, blessante et dure.

C'est tous les jours, aux mêmes heures, le même spectacle : le feu mangeant un monde ; et, sitôt que le soleil s'est couché, la lune, à son tour, se lève sur l'infinie solitude. Mais, chaque jour, peu à peu, le dé-

sert silencieux vous envahit, vous pénètre
la pensée comme la dure lumière vous cal-
cine la peau ; et l'on voudrait devenir nomade à la façon de ces hommes qui changent
de pays sans jamais changer de patrie, au
milieu de ces interminables espaces toujours
à peu près semblables.

Chaque jour, l'officier en tournée envoie
en avant un cavalier indigène pour prévenir
le caïd chez qui il mangera et dormira le
lendemain, afin que celui-ci puisse prélever
dans sa tribu la nourriture des hommes et
des bêtes. Cette coutume, qui équivaut aux
billets de logement chez l'habitant des villes
en France, devient fort onéreuse pour les
tribus par la manière dont elle est pra-
tiquée.

Qui dit Arabe dit voleur, sans exception.
Voici donc comment les choses se passent.
Le caïd s'adresse à un chef de fraction et
réclame cette redevance de ses hommes.

Pour s'exempter de cet impôt et de cette

corvée, le che, de fraction paye. Le caïd empoche et s'adresse à un autre qui souvent aussi s'exonère de la même façon. Enfin il faut bien que l'un d'eux s'exécute.

Si le caïd a un ennemi, la charge tombe sur celui-là, qui procède, vis-à-vis des simples Arabes, de la même façon que le caïd vis-à-vis des cheiks.

Et voilà comment un impôt, qui ne devrait pas coûter plus de vingt à trente francs à chaque tribu, lui coûte quatre à cinq cents francs invariablement.

Et il est impossible encore de changer cela, pour une infinité de raisons trop longues à développer ici.

Dès qu'on approche d'un campement, on aperçoit au loin un groupe de cavaliers qui vient vers vous. Un d'eux marche seul, en avant. Ils vont au pas, ou au trot. Puis, tout à coup, ils s'élancent au galop, un galop furieux, que nos bêtes du Nord ne supporteraient pas deux minutes. C'est le galop des chevaux de course, qui ressemble au passage d'un train express. Mais l'Arabe reste presque droit sur sa selle, avec ses vêtements blancs flottants ; et, d'une seule secousse, il arrête l'animal qui fléchit sur ses jambes. Puis, il saute à terre d'un bond, et s'avance, respectueux, vers l'officier, dont il baise la main.

Quel que soit le titre de l'Arabe, son origine, sa puissance et sa fortune, il baise presque toujours la main des officiers qu'il rencontre.

Puis le caïd se remet en selle et dirige les voyageurs vers la tente qu'il leur a fait préparer. On s'imagine généralement que les tentes arabes sont blanches, éclatantes au soleil. Elles sont au contraire d'un brun sale, rayé de jaune. Leur tissu très épais, en poil de chameau et de chèvre, semble grossier. La tente est fort basse (on s'y tient tout juste debout) et très étendue. Des piquets la supportent d'une façon assez irrégulière ; et tous les bords sont relevés, ce qui permet à l'air de circuler librement dessous.

Malgré cette précaution, la chaleur est écrasante, pendant le jour, dans ces demeures de toile; mais les nuits y sont délicieuses, et on dort merveilleusement sur les épais et magnifiques tapis du Djebel-Amour bien qu'ils soient peuplés d'insectes.

Les tapis constituent le seul luxe des Arabes riches. On les entasse les uns sur les autres, on en forme des amoncellements, et on les respecte infiniment, car chaque homme retire sa chaussure pour marcher dessus, comme à la porte des mosquées.

Aussitôt que ses hôtes sont assis, ou plutôt étendus à terre, le caïd fait apporter le café. Ce café est exquis. La recette pourtant est simple. On le broie au lieu de le moudre, on y mélange une quantité respectable d'ambre gris, puis on le fait bouillir dans l'eau.

Rien de drôle comme la vaisselle arabe.

Quand un riche caïd vous reçoit, sa tente est
ornée de tentures inappréciables, de cous-
sins admirables et de tapis merveilleux ;
puis vous voyez arriver un vieux plateau de
tôle supportant quatre tasses ébréchées, fê-
lées, hideuses, qui semblent achetées à quelque bazar des boulevards extérieurs, à Paris.
Il y en a de toutes les grandeurs et de
toutes les formes, porcelaine anglaise, imi-
tation du Japon, Creil commun, tout ce
qu'on a fait de plus laid et de plus grossier
en faïence dans toutes les parties du monde.

Le café est apporté dans un vieux pot à
tisane ou dans une gamelle de troupier ou
dans une inénarrable cafetière en plomb
déformée, bossuée, qui semble malade.

Peuple étrange, enfantin, demeuré primi-
tif comme à la naissance des races. Il passe
sur la terre sans s'y attacher, sans s'y installer. Il n'a pour maisons que des linges
tendus sur des bâtons, il ne possède aucun
des objets sans lesquels la vie nous sem-

blerait impossible. Pas de lits, pas de draps, pas de tables, pas de sièges, pas une seule de ces petites choses indispensables qui font commode l'existence. Aucun meuble pour rien serrer, aucune industrie, aucun art, aucun savoir en rien. Il sait à peine coudre les peaux de bouc pour emporter l'eau, et il emploie en toutes circonstances des procédés tellement grossiers qu'on en demeure stupéfait.

Il ne peut même pas raccommoder sa tente que déchire le vent; et les trous sont nombreux dans le tissu brunâtre que la pluie traverse à son gré. Ils ne semblent attachés ni au sol ni à la vie, ces cavaliers vagabonds qui posent une seule pierre sur la place où dorment leurs morts, une grosse pierre quelconque ramassée sur la montagne voisine. Leurs cimetières ressemblent à des champs où se serait écroulée, autrefois, une maison européenne.

Les nègres ont des cases, les Lapons ont

des trous, les Esquimaux ont des huttes, les
plus sauvages des sauvages ont une demeure creusée dans le sol ou plantée dessus; ils tiennent à leur mère la terre. Les
Arabes passent, toujours errants, sans atta-
ches, sans tendresse pour cette terre que
nous possédons, que nous rendons féconde,
que nous aimons avec les fibres de notre
cœur humain; ils passent au galop de leurs
chevaux, inhabiles à tous nos travaux, indifférents à nos soucis, comme s'ils allaient
toujours quelque part où ils n'arriveront
jamais.

Leurs coutumes sont restées rudimen-
taires. Notre civilisation glisse sur eux sans
les effleurer.

Ils boivent à l'orifice même de la peau de
bouc ; mais on présente l'eau aux étrangers
dans une collection de récipients invraisem-
bles. Tout s'y trouve, depuis la casserole de
fer jusqu'au bidon défoncé. S'ils s'emparaient,
dans quelque razzia, d'un de nos chapeaux

parisiens à haute forme, ils le conserveraient assurément pour offrir à boire dedans au premier général qui traverserait la tribu.

Leur cuisine se compose uniquement de quatre ou cinq plats. L'ordre de ces plats ne varie point.

On présente d'abord le mouton rôti en plein air. Un homme l'apporte tout entier sur son épaule au bout d'une perche qui a servi de broche; et la silhouette de la bête écorchée, juchée en l'air, fait songer à quelque exécution du moyen âge. Elle se profile, le soir, sur le ciel rouge, d'une façon sinistre et burlesque, tenue ainsi par un personnage sévère et drapé de blanc.

Ce mouton est déposé dans une corbeille plate d'alfa tressé, au milieu du cercle des mangeurs assis en rond, à la turque. La fourchette est inconnue; on dépèce avec les doigts ou avec un petit couteau indigène à manche de corne. La peau rissolée, vernie par le feu et croustillante, passe pour ce qu'il y a de plus fin. On l'arrache par longues plaques et on la croque en buvant, soit de l'eau toujours bourbeuse, soit du lait de chamelle coupé d'eau par moitié, soit du lait aigre qui a fermenté dans une peau de bouc, dont il prend le goût fortement musqué. Les Arabes appellent « leben » cette boisson médiocre.

Après l'*entrée* apparaît, tantôt dans une jatte, tantôt dans une cuvette, tantôt dans une marmite antique, une espèce de pâtée au vermicelle. Le fond de ce potage est un jus jaunâtre où le piment se bat avec le poivre rouge dans un mélange d'abricots secs et de dattes pilés ensemble.

Je ne recommande pas ce bouillon aux gourmets.

Quand le caïd qui vous reçoit est magnifique, on sert ensuite le *hamis ;* ce mets est remarquable. Je serai peut-être agréable à quelques personnes en en donnant la recette.

On le prépare soit avec du poulet, soit avec du mouton. Après avoir coupé la viande en petits morceaux, on la fait revenir dans le beurre sur la poêle.

On se procure ensuite un très léger bouillon en arrosant cette viande avec de l'eau chaude. (Je crois qu'il vaudrait mieux se servir de bouillon faible préparé d'avance.) On ajoute du poivre rouge en grande quantité, un soupçon de piment, du poivre ordinaire, du sel, des oignons, des dattes et des abricots secs, et on fait cuire jusqu'à ce que les dattes et les abricots se soient écrasés naturellement, puis on verse ce jus sur la viande. C'est exquis.

Le repas se termine invariablement par le kous-kous ou kouskoussou, le mets national. Les Arabes préparent le kous-kous en roulant à la main de la farine de façon à en former de petits grains pareils à du plomb de chasse. On cuit ces granules d'une façon particulière et on les arrose avec un

bouillon spécial. Je serai muet sur ces re-
cettes, pour qu'on ne m'accuse pas de ne
parler que de cuisine.

Quelquefois on apporte encore des petits
gâteaux au miel, feuilletés, qui sont fort bons.

Chaque fois qu'on vient de boire, le caïd
qui vous reçoit vous dit : *Saa !* (à votre
santé !) On doit lui répondre : *Allah y sel-
meck !* ce qui équivaut à notre : « Que Dieu
vous bénisse ! » Ces formules sont répétées
dix fois pendant chaque repas.

Tous les soirs, vers quatre heures, nous
nous installons sous une tente nouvelle ;
tantôt au pied d'une montagne, tantôt au
milieu d'une plaine sans limite.

Mais, comme la nouvelle de notre arrivée
s'est répandue dans la tribu, on aperçoit de
tous côtés, dans les lointains, dans la campagne stérile ou sur les collines, des petits
points blancs qui s'approchent. Ce sont les
Arabes qui viennent contempler l'officier et
lui adresser leurs réclamations. Presque tous

sont à cheval, d'autres à pied ; un grand nombre montent des bourricots tout petits. Ils sont à califourchon sur la croupe, contre la queue des bêtes trottinantes, et leurs longs pieds nus traînent à terre des deux côtés.

Aussitôt descendus de leur monture, ils arrivent et s'accroupissent autour de la tente ; puis ils restent là, immobiles, les yeux fixes, attendant. Enfin, le caïd leur fait un signe et les plaignants se présentent.

Car tout officier en tournée rend la justice d'une façon souveraine.

Ils apportent des réclamations invraisemblables, car nul peuple n'est chicanier, querelleur, plaideur et vindicatif comme le peuple arabe. Quant à savoir la vérité, quant à rendre un jugement équitable, il est absolument inutile d'y songer. Chaque partie amène un nombre fantastique de faux témoins qui jurent sur les cendres de leurs pères et mères, et affirment sous serment les mensonges les plus effrontés.

Voici quelques exemples :

Un *cadi* (la vénalité de ces magistrats musulmans est proverbiale et nullement usurpée) fait appeler un Arabe et lui adresse cette proposition : « Tu me donneras vingt-cinq douros et tu m'amèneras sept témoins qui déposeront par écrit, devant moi, que X... te doit soixante-quinze douros. Je te les ferai remettre. »

L'homme amène les témoins, qui déposent et signent. Alors le cadi appelle X... et lui dit : « Tu me donneras cinquante douros et tu m'amèneras neuf témoins qui déposeront que B... (le premier Arabe) te doit cent vingt-cinq douros. Je te les ferai remettre. » Le second Arabe amène ses témoins.

Alors le cadi appelle le premier devant lui et, fort de la déposition des sept témoins, lui fait donner soixante-quinze douros par le second. Mais, à son tour, le second réclame, et, sur l'affirmation de ses neuf témoins, le cadi lui fait remettre cent vingt-cinq douros par le premier.

La part du magistrat est donc de soixante-quinze douros (375 fr.), prélevés sur ses deux victimes.

Le fait est authentique.

Et cependant l'Arabe ne s'adresse presque jamais au juge de paix français, parce qu'on ne peut pas le corrompre, tandis que le cadi fait ce qu'on veut pour de l'argent.

Il éprouve aussi pour les formes tracassières de notre justice une insurmontable répugnance. Toute procédure écrite l'épouvante, car il pousse à l'extrême la peur superstitieuse du papier, sur lequel on peut mettre le nom de Dieu, ou tracer des caractères maléficiants.

Dans les commencements de la domination française, quand les musulmans trouvaient sur leur passage un bout de papier quelconque, ils le portaient pieusement à leurs lèvres et l'enfouissaient dans le sol ou le fourraient dans quelque trou de mur ou d'arbre. Cette coutume amena de si fréquentes et si désagréables surprises que les mahométans s'en guérirent bientôt.

Autre exemple de la fourberie arabe.

Dans une tribu près de Boghar, un assassinat est commis. On soupçonne un Arabe, mais les preuves manquent. Il y avait dans cette tribu un pauvre homme nouvellement venu d'une tribu voisine, établi là pour sauvegarder des intérêts pécuniaires. Un témoin l'accuse du meurtre. Un autre témoin suit le premier, puis un autre. Il en vint quatre-vingt-dix avec les affirmations les plus précises. L'étranger fut condamné à mort et exécuté. On reconnut ensuite l'innocence du décapité. Les Arabes avaient simplement voulu se défaire d'un etranger qui les gênait, et empêcher un homme de leur tribu d'être *compromis!*

Les procès durent des années sans qu'une lueur de vérité puisse apparaître sous les affirmations des faux témoins. Alors on a recours à un moyen fort simple : on emprisonne les deux familles qui plaident, ainsi que tous les témoins. Puis on les relâche au bout de quelques mois ; et généralement ils restent alors tranquilles pendant près d'une année. Puis ils recommencent.

Il y a dans la tribu des Oulad-Alane, que nous avons traversée, un procès qui dure depuis trois ans, sans qu'aucune lumière puisse apparaître. Les deux plaideurs font de temps en temps un petit séjour sous les verrous, et recommencent.

Ils passent, du reste, leur vie à se voler entre eux, à se tromper et à se tirer des coups de fusil. Mais ils nous dissimulent le plus possible toutes les affaires où la poudre a joué son rôle.

Chez les Oulad-Mokhtar, un homme de grande taille se présente en demandant à entrer à l'hôpital français.

L'officier l'interroge sur sa maladie. Alors

l'Arabe ouvre son vêtement; et nous apercevons une plaie horrible, très vieille déjà et purulente, à la hauteur du foie. Ayant invité le blessé à se retourner, un autre trou nous apparut dans son dos, en face du premier, au centre d'une grosseur aussi volumineuse qu'une tête d'enfant. Lorsqu'on appuyait autour, des fragments d'os sortaient. Cet homme avait reçu manifestement un coup de fusil; et la charge, entrée sous la poitrine, était sortie par le dos, en broyant deux ou trois côtes. Mais il nia avec énergie, protesta et jura que «c'était l'œuvre de Dieu.»

Dans ce pays sec d'ailleurs les plaies ne présentent jamais de gravité. Les fermentations, les pourritures produites par les éclosions de microbes n'existent point, ces animalcules ne vivant que sous les climats humides. A moins d'être tué sur le coup, à moins qu'un organe essentiel ne soit supprimé, les blessures sont toujours guéries.

Nous arrivions le lendemain chez le caïd Abd-el-Kader-bel-Hout, un parvenu. Sa tribu qu'il administre avec sagesse est moins turbulente et moins plaideuse que les autres. Peut-être faut-il chercher une autre cause à ce calme relatif.

Le pays n'ayant de sources que sur le versant sud du Djebel Gada, qui n'est point habité, l'eau naturellement n'est fournie que par les puits communs à toute la tribu. Il ne peut donc se produire *de détournements de cours*, ce qui est la principale cause de querelles et de haines dans tout le sud.

Ici encore un homme se présenta en sollicitant son admission à l'hôpital français. Quand on lui demanda quelle maladie il avait, il releva sa gandoura et montra ses jambes. Elles étaient marbrées de taches bleues, flasques, molles, blettes comme un fruit trop mûr, avec des chairs tellement ramollies que le doigt y pénétrait comme dans une pâte qui gardait longtemps le trou creusé par cette pression. Ce pauvre diable présentait enfin tous les signes d'une syphilis épouvantable. Comme on lui demandait en quelle occasion cette infirmité lui était venue, il leva la main, et jura par la mémoire de ses ancêtres que « c'était l'œuvre de Dieu. »

En vérité le Dieu des Arabes accomplit des œuvres bien singulières.

Lorsque toutes les réclamations ont été entendues, on essaye de dormir un peu sous la chaleur terrible de la tente.

Puis le soir vient; on dîne. Un calme profond tombe sur la terre calcinée. Les chiens des douars commencent à hurler au loin, et les chacals leur répondent.

On s'étend sur les tapis sous le ciel criblé d'étoiles, qui semblent humides, tant leur clarté scintille; et alors on cause longtemps, très longtemps. Tous les souvenirs reviennent, doux, précis et faciles à dire, sous ces nuits tièdes si pleines d'astres.

Tout autour de la tente de l'officier, des Arabes sont étendus par terre ; et, sur une ligne, les chevaux, entravés par les jambes de devant, restent debout, avec un homme de garde auprès de chacun d'eux.

Ils ne doivent pas se coucher, et ils restent toujours debout, ces chevaux ; car la monture d'un chef ne peut pas être fatiguée. Sitôt qu'ils essayent de s'étendre, un Arabe se précipite et les force à se relever.

Mais la nuit s'avance. Nous nous allongeons sur les tapis de laine épaisse, et parfois, dans les réveils subits, nous apercevons partout, sur la terre nue qui nous environne, des êtres blancs étendus et dormant, comme des cadavres dans des linceuls.

Un jour, après une marche de dix heures dans la poussière brûlante, comme nous venions d'arriver au campement, auprès d'un puits d'eau bourbeuse et saumâtre qui nous parut cependant exquise, le lieutenant me secoua soudain au moment où j'allais me reposer sous la tente, et me dit, en me montrant l'extrême horizon vers le sud : « Ne voyez-vous rien là-bas? »

Après avoir regardé, je répondis : « Si, un tout petit nuage gris. »

Alors le lieutenant sourit : « Eh bien, asseyez-vous là et continuez à regarder ce nuage. »

Surpris, je demandai pourquoi. Mon compagnon reprit : « Si je ne me trompe, c'est un ouragan de sable qui nous arrive. »

Il était environ quatre heures, et la chaleur se maintenait encore à quarante-huit degrés sous la tente. L'air semblait dormir sous l'oblique et intolérable flamme du soleil. Aucun souffle, aucun bruit, sauf le mouvement des mâchoires de nos chevaux entravés, qui mangeaient l'orge, et les vagues chuchotements des Arabes qui, cent pas plus loin, préparaient notre repas.

On eût dit cependant qu'il y avait autour de nous une autre chaleur que celle du ciel, plus concentrée, plus suffoquante, comme celle qui vous oppresse quand on se trouve dans le voisinage d'un incendie considérable. Ce n'étaient point ces souffles ardents, brusques et répétés, ces caresses de feu qui annoncent et précèdent le siroco, mais un échauffement mystérieux de tous les atômes de tout ce qui existe.

Je regardais le nuage qui grandissait rapidement, mais à la façon de tous les nuages. Il était maintenant d'un brun sale et montait très haut dans l'espace. Puis il se développa en large, ainsi que nos orages du nord. En vérité, il ne me semblait présenter absolument rien de particulier.

Enfin, il barra tout le sud. Sa base était d'un noir opaque, son sommet cuivré paraissait transparent.

Un grand remuement derrière moi me fit me retourner. Les Arabes avaient fermé notre tente, et ils en chargeaient les bords de lourdes pierres. Chacun courait, appelait, se démenait avec cette allure effarée qu'on voit dans un camp au moment d'une attaque.

Il me sembla soudain que le jour baissait ; je levai les yeux vers le soleil. Il était couvert d'un voile jaune, et ne paraissait plus être qu'une tache pâle et ronde s'effaçant rapidement.

Alors, je vis un surprenant spectacle. Tout l'horizon vers le sud avait disparu, et une masse nébuleuse qui montait jusqu'au zénith, venait vers nous, mangeant les objets, raccourcissant à chaque seconde les limites de la vue, noyant tout.

Instinctivement je me reculai vers la tente. Il était temps. L'ouragan, comme une muraille jaune et demesurée, nous touchait. Il arrivait, ce mur, avec la rapidité d'un train lancé ; et soudain il nous enveloppa dans un tourbillon furieux de sable et de vent, dans une tempête de terre impalpable, brûlante, bruissante, aveuglante et suffoquante.

Notre tente, maintenue par des pierres énormes, fut secouée comme une voile, mais résista. Celle de nos spahis, moins assujettie, palpita quelques secondes, parcourue par de grands frissons de toile ; puis soudain, arrachée de terre, elle s'envola et disparut aussitôt dans la nuit de poussière mouvante qui nous entourait.

On ne voyait plus rien à dix pas à travers ces ténèbres de sable. On respirait du sable, on buvait du sable, on mangeait du sable. Les yeux en étaient remplis, les cheveux en étaient poudrés ; il se glissait par le cou, par les manches, jusque dans nos bottes.

Ce fut ainsi toute la nuit. Une soif ardente nous torturait. Mais l'eau, le lait, le café, tout était plein de sable qui craquait sous notre dent. Le mouton rôti en était poivré ; le kous-kous semblait fait uniquement de fins graviers roulés; la farine du pain n'était plus que de la pierre pilée menu.

Un gros scorpion vint nous voir. Ce temps, qui plaît à ces bêtes, les fait toutes sortir de leurs trous. Les chiens du douar voisin ne hurlèrent pas ce soir-là.

Puis, au matin, tout était fini; et le grand tyran meurtrier de l'Afrique, le soleil, se leva, superbe, sur un horizon clair.

On partit un peu tard, cette inondation de sable ayant troublé notre sommeil.

Devant nous s'élevait la chaîne du Djebel Gada qu'il fallait traverser. Un défilé s'ouvrait sur la droite; on suivit la montagne jusqu'au passage, où l'on s'engagea. Nous retrouvions l'alfa, l'horrible alfa. Puis soudain je crus découvrir la trace effacée d'une route, des ornières de roues. Je m'arrêtai surpris. Une route ici, quel mystère? J'en eus l'explication. Un ancien caïd de cette tribu, ayant été grisé par l'exemple des Européens habitant Alger, voulut se donner le luxe d'un carrosse dans le désert. Mais, pour avoir une voiture, il faut posséder des routes, aussi cet ingénieux potentat occupa-t-il pendant des mois tous les Arabes, ses sujets, à des travaux de grande voierie. Ces misérables, sans pioches, sans pelles, sans outils, terrassant le plus souvent avec leurs mains, parvinrent cependant à aplanir plusieurs kilomètres de chemin. Cela suffisait à leur maître qui s'offrit ainsi des promenades à travers le Sahara dans un stupéfiant équipage, en compagnie de beautés indigènes qu'il envoyait quérir à Djelfa par son favori, un jeune Arabe de seize ans.

Il faut avoir vu ce pays pelé, rongé, dénudé; il faut connaître l'Arabe avec son introublable gravité, pour comprendre le comique infini de ce débauché à tête de vautour, de cet élégant du désert promenant des cocottes aux pieds nus, dans une carriole de bois brut, à roues inégales, conduite à fond de train par son.... mignon. Cette élégance du tropique, cette débauche saharienne, ce chic enfin en pleine Afrique me parurent d'une inoubliable drôlerie.

Notre troupe était nombreuse ce matin-là. Outre le caïd et son fils, nous étions accompagnés de deux cavaliers indigènes et d'un vieux homme maigre, à barbe en pointe, à nez crochu, avec une physionomie de rat, des manières obséquieuses, une échine courbe et des yeux faux. C'était encore, celui-là, un autre ancien caïd de la tribu cassé pour concussion. Il devait nous servir de guide le lendemain, la route que nous allions suivre étant peu fréquentée des Arabes eux-mêmes.

Cependant nous arrivions peu à peu au sommet du défilé. Un pic droit barrait la vue ; mais, aussitôt que nous l'eûmes contourné, je fus frappé par la plus violente surprise, assurément, que me réservait ce voyage.

Une vaste plaine s'étendait devant nous, puis un lac, un lac immense, éblouissant au soleil, aveuglant, dont je ne voyais pas l'autre bout, perdu à l'horizon vers la gauche, et dont l'extrémité ouest se trouvait presque en face de moi. Un lac en cette contrée, en plein Sahara? Un lac dont personne ne m'avait parlé, que n'indiquait aucun voyageur? Etais-je fou?

Je me tournai vers le lieutenant.

— Quel est ce lac? lui demandai-je.

Il se mit à rire et répondit :

— Ce n'est pas de l'eau, c'est du sel. Tout le monde s'y tromperait, en effet, tant l'illusion est parfaite. Cette Sebkra, qu'on appelle ici Zar'ez (le Zar'ez-Chergui), a environ cinquante à soixante kilomètres de longueur sur vingt, trente ou quarante kilomètres de largeur, suivant les endroits. Ces chiffres sont, bien entendu, approximatifs, ce pays n'ayant été que rarement et rapidement traversé, comme il l'est par nous aujourd'hui. Ces lacs de sel, (ils sont deux, l'autre se trouve plus à l'ouest), donnent d'ailleurs leur nom à toute cette contrée qu'on appelle le Zar'ez. A partir de Bou-Saada, la plaine s'appelle le Hodna, baptisée alors par le lac salé de Msila.

Je regardais avec une stupéfaction émerveillée l'immense nappe de sel étincelant sous le soleil enragé de ces contrées. Toute cette surface, plane et cristallisée, luisait comme un miroir démesuré, comme une plaque d'acier; et les yeux brûlés ne pouvaient supporter l'éclat de ce lac étrange, bien qu'il fût encore à vingt kilomètres de nous, ce que j'avais peine à croire, tant il me paraissait proche.

Nous finissions de descendre de l'autre côté du Djebel-Gada, et nous approchions du poste fortifié abandonné, dit poste de la Fontaine (Bordj-el-Hammam), où nous devions camper, cette étape étant, par extraordinaire, fort courte.

Le bâtiment à créneaux, construit au commencement de la conquête, afin de pouvoir occuper cette contrée perdue en cas d'insurrection, et y laisser une troupe à peu près en sûreté, est aujourd'hui fort détérioré. Le mur d'enceinte reste pourtant en assez bon état, et quelques pièces ont été maintenues habitables.

Comme les jours précédents, nous vîmes jusqu'au soir défiler des Arabes qui venaient exposer à « l'officier » des affaires infiniment enbrouillées ou des griefs imaginaires dans la seule intention de parler au chef français.

Une folle, sortie on ne sait d'où, vivant on ne sait comment en ces solitudes désolées, rôdait sans cesse autour de nous. Sitôt que nous sortions, nous la retrouvions, accroupie en·des postures singulières, presque nue, hideuse.

Les voyageurs poétisants ont beaucoup parlé du respect des Arabes pour les fous.

Or, voici comment on les respecte : dans leur famille... on les tue ! Plusieurs caïds, pressés de questions, nous l'ont avoué. Quelques-uns de ces misérables idiots arrivent, il est vrai, à la sainteté par le crétinisme. Ces exemples ne sont pas absolument particuliers à l'Afrique. La famille généralement se débarrasse des déments. Et les tribus restant pour nous un monde fermé, grâce au système des grands chefs indigènes, nous ne pouvons, le plus souvent, avoir même le soupçon de ces disparitions.

Comme j'avais peu marché dans la journée, j'écrivis une partie de la nuit. Vers onze heures, ayant très chaud, je sortis pour étaler un tapis devant la porte et dormir sous le ciel.

La pleine lune emplissait l'espace d'une clarté luisante qui semblait vernir tout ce qu'elle frôlait. Les montagnes, jaunes déjà sous le soleil, les sables jaunes, l'horizon jaune, semblaient plus jaunes encore, caressés par la lueur safranée de l'astre.

Là-bas, devant moi, le Zar'ez, le vaste lac de sel figé, semblait incandescent. On eût dit qu'une phosphorescence fantastique s'en dégageait, flottait au-dessus, une brume lumineuse de féerie, quelque chose de si surnaturel, de si doux, de si captivant le regard et la pensée, que je restai plus d'une heure à regarder, ne pouvant me résoudre à fermer les yeux. Et partout autour de moi, éclatants aussi sous la caresse de la lune, les burnous des Arabes endormis semblaient d'énormes flocons de neige tombés là.

On partit au soleil levant.

La plaine conduisant vers la Sebkra était faiblement inclinée, semée d'alfa maigre et roussi. Le vieil Arabe à figure de rat prit la tête, et nous le suivions d'un pas rapide. Plus nous approchions, plus l'illusion de l'eau était parfaite. Comment cela pouvait-il n'être pas un lac, un lac géant ? Sa largeur, sur notre gauche, occupait tout l'espace entre les deux montagnes, distantes de trente à quarante kilomètres. Nous marchions droit vers son extrémité, car nous ne devions le traverser que sur une courte étendue.

Mais, de l'autre côté du Zar'ez, je distinguais une sorte de colline ou plutôt de bourrelet d'un jaune doré qui semblait le séparer de la montagne. Sur notre gauche, cette ligne suivait jusqu'à l'horizon la ligne blanche du sel ; et, sur notre droite, où s'étendait une plaine infinie et nue serrée entre les deux montagnes, je distinguais jusqu'à perte de vue cette même traînée jaune. Le lieutenant me dit : « Ce sont les dunes. Ce banc de sable a plus de deux cents kilomètres de long sur une largeur très variable. Nous le traverserons de main. »

Le sol devenait singulier, couvert d'une croûte de salpêtre que crevaient les pieds des chevaux. Des herbes se montraient, des joncs ; on sentait qu'une nappe d'eau s'étendait à fleur de terre. Cette plaine enfermée par des monts, buvant quatre rivières (des rivières périodiques), et recevant toutes les averses furieuses de l'hiver, serait un immense marécage si le terrible soleil n'en desséchait quand même la surface. Parfois, dans les creux, des flaques d'eau saumâtre apparaissaient ; et des bécassines s'envolaient devant nous avec ce crochet rapide qui leur est propre.

Puis soudain nous fûmes au bord de la Sebkra ; et nous nous engageâmes sur cet océan tari.

Tout était blanc devant nous, d'un blanc d'argent neigeux, vaporeux et miroitant. Et même, en avançant sur cette surface cristallisée, poudrée d'une poussière de sel pareille à de la neige fine, et qui parfois s'enfonçait un peu sous le pied des bêtes, comme une glace molle, on gardait l'im-

8.

pression singulière qu'on avait devant les yeux une nappe d'eau. Une seule chose pouvait à la rigueur indiquer à un œil expérimenté que ce n'était point une étendue liquide : l'horizon. Ordinairement la ligne qui sépare l'eau du ciel reste sensible, l'une étant toujours plus ou moins foncée que l'autre. Quelquefois, il est vrai, tout semble se mêler ; la mer alors prend une teinte, un vague de nuée bleue fondue qui se perd dans l'azur pâlissant du vide infini. Mais il suffit de regarder attentivement pendant quelques instants pour toujours distinguer la séparation, si faible, si enveloppée qu'elle soit. Ici, on ne voyait rien. L'horizon était voilé entièrement dans une brume blanche, une sorte de vapeur de lait d'une douceur intraduisible ; et tantôt on cherchait dans l'espace la limite terrestre, tantôt on croyait la voir beaucoup trop bas, au milieu de la plaine salée sur laquelle flottaient ces buées crémeuses et singulières.

Tant que nous avions dominé le Zar'ez, nous avions gardé la perception nette des distances et des formes ; dès que nous fûmes dessus, toute certitude de la vue disparut ; nous nous trouvions enveloppés dans les fantasmagories du mirage.

Tantôt on croyait distinguer l'horizon à une distance prodigieuse ; et on apercevait soudain au milieu du lac figé, qui tout à l'heure semblait uni, vide et plat comme un miroir, d'énormes rochers bizarres, des roseaux démesurés, des îles aux berges escarpées. Puis, à mesure qu'on avançait, ces visions étranges disparaissaient brusquement comme englouties par un truc de théâtre ; et, à la place des blocs de rochers, on découvrait quelques toutes petites pierres. Les roseaux, en approchant, n'étaient plus que des herbes sèches, hautes comme le doigt, démesurément grandies par ce curieux effet d'optique ; les berges devenaient de légers renflements de la croûte saline, et cet horizon qu'on supposait à trente kilomètres, était fermé à cent mètres de nous par ce voile de buée tremblante que le furieux soleil du désert faisait sortir de la couche brûlante du sel.

Cela dura une heure environ, puis on toucha l'autre rive.

Ce fut d'abord une petite plaine ravinée, couverte d'une croûte d'argile sèche, et mêlée encore de salpêtre.

Nous montions une pente insensible, des herbes parurent, puis des espèces de joncs, puis une petite fleur bleue ressemblant au myosotis rustique, montée sur une longue tige mince comme un fil, et tellement odorante que son parfum couvrait le pays. Cette exquise senteur me donna l'impression fraîche d'un bain ; on la respirait longuement, et la poitrine semblait s'élargir pour boire ce souffle délicieux.

On aperçut enfin un rang de peupliers, un vrai bois de roseaux, d'autres arbres, puis nos tentes, plantées sur la limite des sables dont les ondulations inégales, hautes jusqu'à huit ou dix mètres, se dressaient comme des flots remués.

La chaleur devenait féroce, doublée sans doute par les réverbérations de la Sebkra. Les tentes, de vraies étuves, étaient inhabitables ; et, aussitôt descendus de cheval, nous partîmes, pour chercher de l'ombre sous les arbres. Il fallut traverser d'abord une forêt de roseaux. Je marchais en avant, et soudain je me mis à danser en poussant des cris de joie. Je venais d'apercevoir des vignes, des abricotiers, des figuiers, des grenadiers couverts de fruits, toute une suite de jardins autrefois prospères, aujourd'hui envahis par les sables, et qui appartenaient à l'agha de Djelfa. Pas de mouton rôti pour déjeuner ! Quel bonheur ! Pas de kous-kous ! Quel délire ! Du raisin ! des figues ! des abricots ! Tout cela n'était pas très mûr. N'importe, ce fut une orgie, dont nous ressentîmes, je crois, quelque malaise. L'eau, par exemple, laissait à désirer. De la boue peuplée de larves. On n'en but guère.

Chacun s'enfonça dans les roseaux et s'endormit. Une sensation froide me réveilla en sursaut; une énorme grenouille venait de me cracher un jet d'eau dans la figure. En cette contrée il faut être sur ses gardes et il n'est pas toujours prudent de dormir ainsi sous les rares verdures, surtout dans le voisinage des sables, où pullule la léfaa, dite vipère céraste ou vipère à cornes, dont la piqûre est mortelle et presque foudroyante. L'agonie souvent ne dure pas une heure. Ce reptile d'ailleurs est très lent et ne devient dangereux que si on marche dessus sans le voir, ou si on se couche dans son voisinage. Quand on le rencontre sur sa route, on peut, même avec de l'habitude et des précautions, le prendre à la main en le saisissant rapidement derrière les oreilles.

Je ne me suis pas offert cet exercice.

Cette petite et terrible bête habite aussi l'alfa, les pierres, tout endroit où elle trouve un abri. Quand on couche pour la première fois sur la terre, la pensée de ce reptile vous préoccupe; puis on y songe moins, puis on n'y songe plus. Quant aux scorpions, on les méprise. Ils sont d'ailleurs aussi communs là-bas que les araignées chez nous. Lorsqu'on en apercevait un auprès de notre campement, on l'entourait d'un cercle d'herbes sèches auquel on mettait le feu. La bête affolée, se sentant perdue, relevait sa queue, la ramenait en cercle au-dessus de sa tête et se tuait en se piquant elle-même. On m'a du moins affirmé qu'elle se tuait, car je l'ai toujours vue mourir dans la flamme.

Voici en quelle occasion je vis cette vipère pour la première fois.

Un après-midi, comme nous traversions une immense plaine d'alfa, mon cheval donna plusieurs fois de vives marques d'inquiétude. Il baissait la tête, reniflait, s'arrêtait, semblait suspecter chaque touffe. Je suis, je l'avoue, fort mauvais cavalier, et ces brusques arrêts, outre qu'ils m'emplissaient de méfiance sur mon équilibre, me jetaient brusquement dans l'estomac l'énorme piton de ma selle arabe. Le lieutenant, mon compagnon, riait de tout son cœur. Soudain ma bête fit un bond et se mit à regarder par terre quelque chose que je ne voyais point, en refusant obstinément d'avancer. Prévoyant une catastrophe, je préférai descendre, et je cherchai la cause de cet effroi. J'avais devant moi une maigre touffe d'alfa. Je la frappai, à tout hasard, d'un coup de bâton ; et soudain, un petit reptile s'enfuit qui disparut dans la plante voisine.

C'était une léfaa.

Le soir de ce même jour, dans une plaine rocheuse et nue, mon cheval fit un nouvel écart. Je sautai à terre, persuadé que j'allais trouver une autre léfaa. Mais je ne vis rien. Puis, en remuant une pierre, une haute araignée, blonde comme le sable, svelte, singulièrement rapide, s'enfuit et disparut sous un roc avant que je pusse l'atteindre. Un spahis qui m'avait rejoint la nomma « un scorpion du vent », terme imagé pour exprimer sa vélocité. C'était, je crois, une tarentule.

Une nuit encore, pendant mon sommeil, quelque chose de glacé me toucha la figure. Je me dressai d'un bond, effaré ; mais le sable, la tente, tout était perdu dans l'ombre, je ne distinguais que les grandes taches blanches des Arabes endormis autour de nous. Avais-je été mordu par une léfaa qui se promenait près de mon visage ? Était-ce un scorpion ? D'où venait ce contact froid sur ma face ? Très anxieux, j'allumai notre lanterne ; je baissai les yeux, le pied levé, prêt à frapper, et je vis un monstrueux crapaud, un de ces fantastiques crapauds blancs qu'on rencontre dans le désert, qui, le ventre gonflé, les pattes écartées, me regardait. La vilaine bête m'avait trouvé sans doute sur sa route habituelle et était venue se heurter à ma figure.

Comme vengeance, je le contraignis à fumer une cigarette. Il en est mort d'ailleurs. Voici comment on procède. On ouvre de force sa bouche étroite; on y introduit un bout du fin papier plein de tabac roulé, et on allume l'autre bout. L'animal suffoqué souffle de toute sa vigueur pour se débarrasser de cet instrument de supplice, puis, bon gré mal gré, il est ensuite contraint d'aspirer. Alors il souffle de noûveau, enflé, expirant et comique; et jusqu'au bout il faut qu'il fume, à moins qu'on n'ait pitié de lui. Il expire généralement étouffé et gros comme un ballon.

Comme sport saharien on fait souven assister les étrangers à la lutte, d'une léfaa et d'un ouran.

Qui de nous n'a rencontré dans le Midi tous ces pauvres petits lézards à queue coupée courant le long des vieux murs. On se demande d'abord quel est le mystère de ces queues absentes. Puis, un jour, comme on lisait à l'ombre d'une haie, on vit soudain une couleuvre jaillir d'une crevasse et s'élancer vers l'innocente et gentille bête se chauffant sur une pierre. Le lézard fuit, mais, plus rapide, le reptile l'a saisi par la queue, par sa longue queue mobile, et la moitié de ce membre reste entre les dents pointues de l'ennemi tandis que l'animal mutilé disparaît dans un trou.

Eh bien, l'ouran, qui n'est autre chose que le crocodile de terre dont parle Hérodote, sorte de gros lézard du Sahara, venge sa race sur la terrible léfaa.

Le combat de ces deux animaux est d'ailleurs plein d'intérêt. Il a lieu généralement dans une vieille caisse à savon.

On y dépose le lézard qui se met à courir avec une singulière vitesse, cherchant à fuir; mais, dès qu'on a vidé dans la boîte le petit sac contenant la vipère, il devient immobile. Son œil seul remue très vite. Puis il fait quelques pas rapides, comme s'il glissait, pour se rapprocher de l'ennemi, et il attend. La léfaa, de son côté, considère le lézard, sent le danger et se prépare à la bataille; puis, d'une détente elle se jette sur lui. Mais il est déjà loin, filant comme une flèche, à peine visible dans sa course. Il attaque à son tour, revenu d'une lancée avec une surprenante rapidité. La léfaa s'est retournée, et tend vers lui sa petite gueule ouverte, prête à mordre de sa morsure foudroyante. Mais il a passé, frôlant le reptile qu'il regarde de nouveau, hors d'atteinte, de l'autre bout de la caisse.

Et cela dure un quart d'heure, vingt minutes, parfois davantage. La léfaa, exaspérée, se fâche, rampe vers l'ouran qui fuit sans cesse, plus souple que le regard, revient, tourne, s'arrête, repart, épuise et affole son redoutable adversaire. Puis soudain, ayant choisi l'instant, il file dessus si vite qu'on aperçoit seulement la vipère convulsée, étranglée par la forte mâchoire triangulaire du lézard qui l'a saisie par le cou, derrière les oreilles, juste à la place où la prennent les Arabes.

On songe, en voyant la lutte de ces petites bêtes au fond d'une caisse à savon, aux courses de taureaux d'Espagne dans les cirques majestueux. Il serait plus terrible cependant de déranger ces infimes combattants que d'affronter la colère beuglante de la grosse bête armée de cornes aiguës.

On rencontre souvent dans le Sahara un serpent affreux à voir, long souvent de plus d'un mètre et pas plus gros que le petit doigt. Aux environs de Bou Saada ce reptile inoffensif inspire aux Arabes une terreur superstitieuse. Ils prétendent qu'il perce comme une balle les corps les plus durs, que rien ne peut arrêter son élan dès qu'il aperçoit un objet brillant. Un Arabe m'a raconté que son frère avait été traversé par une. de ces bêtes qui du même choc avait tordu l'étrier. Il est évident que cet homme a simplement reçu une balle juste au moment où il apercevait le reptile.

Aux environs de Laghouat ce serpent n'inspire au contraire aucune terreur et les enfants le prennent dans leurs mains.

La pensée de tous ces redoutables habitants du désert m'empêcha quelque peu de dormir sous les roseaux de Raïane Chergui. Tout frôlement auprès de mes oreilles me faisait me dresser brusquement.

Le jour baissait, je réveillai mes compagnons pour aller nous promener dans les dunes et tâcher de trouver quelque léfaa ou quelque poisson de sable.

L'animal qu'on appelle le poisson de sable

et que les arabes nomment *dwb* (on prononce *dob*), est une autre sorte de gros lézard qui vit dans les sables, y creuse son trou, et dont la chair est assez bonne, dit-on. Nous avons souvent suivi ses traces sans parvenir à en trouver un. Dans le sable on rencontre encore un tout petit insecte dont les mœurs sont bien curieuses : le fourmi-lion. Il forme un entonnoir un peu plus large qu'une pièce de cent sous, creux en proportion, et il s'installe dans le fond, en embuscade. Dès qu'une bête quelconque, araignée, larve ou autre, glisse sur les bords rapides de sa tanière, il lui lance coup sur coup des décharges de sable, l'étourdit, l'aveugle, la force à dégringoler jusqu'au bas de la pente ! Alors il s'en empare et la mange.

Le fourmi-lion fut, ce jour-là, notre plus grande distraction. Puis le soir ramena le mouton rôti, le kous-kous et le lait aigre. Quand l'heure des repas approchait, je pensais souvent au café Anglais.

Puis on se coucha sur les tapis devant les tentes, la chaleur ne permettant pas de rester dessous. Et nous avions, l'un devant nous, l'autre derrière, ces deux voisins étranges : le sable houleux comme une mer agitée et le sel uni comme une mer calme.

Le lendemain on traversa les dunes. On eût dit l'Océan devenu poussière au milieu d'un ouragan ; une tempête silencieuse de vagues énormes, immobiles, en sable jaune. Elles sont hautes comme des collines, ces vagues, inégales, différentes, soulevées tout à fait comme des flots déchaînés, mais plus grandes encore et striées comme de la moire. Sur cette mer furieuse, muette et sans mouvement, le dévorant soleil du sud verse sa flamme implacable et directe.

Il faut gravir ces lames de cendre d'or, dégringoler de l'autre côté, gravir encore, gravir sans cesse, sans repos et sans ombre. Les chevaux râlent, enfoncent jusqu'aux genoux et glissent en dévalant l'autre versant des surprenantes collines.

Nous ne parlions plus, accablés de chaleur et désséchés de soif comme ce désert ardent.

Parfois, dit-on, on est surpris dans ces vallons de sable par un incompréhensible phénomène que les Arabes considèrent comme un signe assuré de mort.

Quelque part, près de soi, dans une direction indéterminée, un tambour bat, le mystérieux tambour des dunes. Il bat distinctement, tantôt plus vibrant, tantôt affaibli, arrêtant, puis reprenant son roulement fantastique.

On ne connait point, paraît-il, la cause de ce bruit surprenant. On l'attribue généralement à l'écho grossi, multiplié, démesurément enflé par les ondulations des dunes, d'une grêle de grains de sable emportés dans le vent et heurtant des touffes d'herbes sèches, car on a toujours remarqué que le phénomène se produit dans le voisinage de petites plantes brûlées par le soleil et **dures** comme du parchemin.

Ce tambour ne serait donc qu'une sorte de mirage du son.

Dès que nous fûmes sortis des dunes, nous aperçûmes trois cavaliers qui venaient au galop vers nous. Quand ils arrivèrent à cent pas environ, le premier mit pied à terre et s'approcha en boîtant un peu. C'était un homme d'environ soixante ans, assez gros (ce qui est rare en ce pays), avec une dure physionomie arabe, des traits accentués, creusés, presque féroces. Il portait la croix de la Légion d'honneur. On le nommait Si Cherif-ben-Vhabeizzi, caïd des Oulad-Dia.

Il nous fit un long discours d'un air furieux pour nous inviter à entrer sous sa tente et à prendre une collation.

C'était la première fois que je pénétrais dans l'intérieur d'un chef nomade.

Un amoncellement de riches tapis de laine frisée couvrait le sol ; d'autres tapis étaient dressés pour cacher la toile nue; d'autres tendus sur nos têtes formaient un épais, un impénétrable plafond. Des sortes de divans ou plutôt de trônes étaient aussi recouverts d'étoffes admirables; et une cloison faite de tentures orientales, coupant la tente en deux moitiés égales, nous séparait de la partie habitée par les femmes dont nous distinguions par moments les voix murmurantes.

On s'assit. Les deux fils du caïd prirent place auprès de leur père, qui se levait lui-même de temps en temps, disait un mot dans l'appartement voisin par-dessus la séparation; et une main invisible passait un plat fumant que le cher nous présentait aussitôt.

On entendait jouer et crier des petits enfants auprès de leurs mères. Quelles étaient ces femmes? elles nous regardaient sans doute par d'invisibles ouvertures, mais nous ne les pûmes point voir.

La femme arabe, en général, est petite, blanche comme du lait, avec une physionomie de jeune mouton. Elle n'a de pudeur que pour son visage. On rencontre celles du peuple allant au travail, la figure voilée avec soin, mais le corps couvert seulement de deux bandes de laine tombant l'une par devant, l'autre par derrière, et laissant voir, de profil, toute la personne.

A quinze ans ces misérables, qui seraient jolies, sont déformées, épuisées par les dures besognes. Elles peinent du matin au soir à toutes les fatigues, vont chercher l'eau à plusieurs kilomètres avec un enfant sur le dos. Elles semblent vieilles à vingt-cinq ans.

Leur visage, qu'on aperçoit parfois, est tatoué d'étoiles bleues sur le front, les joues et le menton. Le corps est épilé, par mesure de propreté. Il est fort'rare d'apercevoir les femmes des arabes riches.

On repartit aussitôt la collation achevée,

et, le soir, nous arrivâmes au rocher de sel Khang-el-Melah.

C'est une sorte de montagne grise, verte, bleue, aux reflets métalliques, aux croupes singulières; une montagne de sel! Des eaux plus salées que l'Océan s'échappent de son pied et, volatilisées par la chaleur folle du soleil, laissent sur le sol une écume blanche, pareille à la bave des flots, une mousse de sel! On ne voit plus la terre, cachée sous une poudre légère, comme si quelque colosse se fût amusé à râper ce mont pour en semer la poussière alentour; et de gros blocs détachés gisent dans les enfoncements, des blocs de sel!

Sous ce rocher extraordinaire se creusent, paraît-il, des puits forts profonds qu'habitent des milliers de colombes.

Le lendemain nous étions à Djelfa.

Djelfa est une vilaine petite ville à la française, mais habitée par des officiers fort aimables qui en rendaient charmant le séjour.

Après un court repos, nous nous sommes remis en route.

Nous avons recommencé notre long voyage par les longues plaines nues. De temps en temps on rencontrait des troupeaux. Tantôt c'étaient des armées de moutons de la couleur du sable; tantôt à l'horizon se dessinaient des bêtes singulières que la distance faisait petites et qu'on eût prises, avec leur dos en bosse, leur grand cou recourbé, leur allure lente, pour des bandes de hauts dindons. Puis, en approchant, on reconnaissait des chameaux avec leur ventre gonflé des deux côtés comme un double ballon, comme une outre démesurée, leur ventre qui contient jusqu'à soixante litres d'eau. Eux aussi avaient la couleur du désert comme tous les êtres nés dans ces solitudes jaunes. Le lion, l'hyène, le chacal, le crapaud, le lézard, le scorpion, l'homme lui-même prennent là toutes les nuances du sol calciné, depuis le roux brûlant des dunes mouvantes jusqu'au gris pierreux des montagnes. Et la petite alouette des plaines est si pareille à la poussière de terre qu'on la voit seulement quand elle s'envole.

De quoi vivent donc les bêtes dans ces contrées arides, car elles vivent?

Pendant la saison des pluies, ces plaines se couvrent d'herbes en quelques semaines, puis le soleil, en quelques jours, dessèche et brûle cette rapide végétation. Alors ces plantes prennent elles-mêmes la couleur du sol; elles se cassent, s'émiettent, se répandent sur la terre comme une paille hachée menu et qu'on ne distingue même plus. Mais les troupeaux savent la trouver et s'en nourrissent. Ils vont devant eux, cherchant cette poudre d'herbes sèches. On dirait qu'ils mangent des pierres.

Que penserait un fermier normand en face de ces singuliers pâturages?

Puis nous avons traversé une région où

on ne rencontrait même plus guère d'oiseaux. Les puits devenaient introuvables.

Nous regardions passer au loin de singulières petites colonnes de poussière qui ont l'air d'une fumée, tantôt droites, tantôt penchées ou tordues, et qui courent rapidement sur le sol, hautes de quelques mètres, larges au sommet et minces du pied.

Les remous de l'air, formant ventouse, soulèvent et entraînent ces nuées transparentes et vraiment fantastiques, qui seules mettent un mouvement en ces lieux lamentablement déserts.

Cinq cents mètres en avant de notre petite troupe, un cavalier servant de guide nous dirigeait à travers la morne et toute droite solitude. Pendant dix minutes, il allait au pas, immobile sur la selle, et chantant, en sa langue, une chanson traînante, avec ces rythmes étranges de là-bas. Nous imitions son allure. Puis soudain il partait au trot, à peine secoué, son grand bour-

nous voltigeant, le corps d'aplomb, debout
sur les étriers. Et nous partions derrière
lui, jusqu'au moment où il s'arrêtait pour
reprendre un train plus doux.

Je demandai à mon voisin :

— Comment peut-il nous conduire à travers ces espaces nus, sans points de re-
père !

Il me répondit :

— Quand il n'y aurait que les os des chameaux.

En effet, de quart d'heure en quart
d'heure, nous rencontrions quelque osse-
ment énorme rongé par les bêtes, cuit par
le soleil, tout blanc, tachant le sable. C'était
parfois un morceau de jambe, parfois un
morceau de mâchoire, parfois un bout de
colonne vertébrale.

— D'où viennent tous ces débris, demandai-je.

Mon voisin répliqua :

— Les convois laissent en route chaque animal qui ne peut plus suivre ; et les chacals n'emportent pas tout.

Et pendant plusieurs journées nous avons continué ce voyage monotone, derrière le même Arabe, dans le même ordre, toujours à cheval, presque sans parler.

Or, un après-midi, comme nous devions, au soir, atteindre Bou-Saada, j'aperçus, très loin devant nous, une masse brune, grossie d'ailleurs par le mirage, et dont la forme m'étonna. A notre approche, deux vautours s'envolèrent. C'était une charogne encore baveuse malgré la chaleur, vernie par le sang pourri. La poitrine seule restait, les membres ayant été sans doute emportés par les voraces mangeurs de morts.

— « Nous avons des voyageurs devant nous, » dit le lieutenant.

Quelques heures après, on entrait dans une sorte de . ravin, de défilé, fournaise effroyable, aux rochers dentelés comme des scies, pointus, rageurs, révoltés, semblait-il, contre ce ciel impitoyablement féroce. Un autre corps gisait là. Un chacal s'enfuit qui le dévorait.

Puis, au moment où l'on débouchait de nouveau dans une plaine, une masse grise, étendue devant nous, remua, et lentement, au bout d'un cou demesuré, je vis se dresser la tête d'un chameau agonisant. Il était là, sur le flanc, depuis deux ou trois jours peut-être, mourant de fatigue et de soif. Ses longs membres qu'on aurait dit brisés, inertes, mêlés, gisaient sur le sol de feu. Et lui, nous entendant venir, avait levé sa tête, comme un phare. Son front, rongé par l'inexorable soleil, n'était qu'une plaie, coulait; et son œil résigné nous suivit. Il ne poussa pas un gémissement, ne fit pas un effort pour se lever. On eût cru qu'il savait, qu'ayant déjà vu mourir ainsi beaucoup de ses frères dans ses longs voyages à travers les solitudes, il connaissait bien l'inclé-

mence des hommes. C'était son tour, voilà
tout. Nous passâmes.

Or, m'étant retourné longtemps après,
j'aperçus encore, dressé sur le sable, le
grand col de la bête abandonnée regardant jusqu'à la fin s'enfoncer à l'horizon les
derniers vivants qu'elle dût voir.

Une heure plus tard ce fut un chien tapi
contre un roc, la gueule ouverte, les crocs
luisants, incapable de remuer une patte,
l'œil tendu sur deux vautours qui, près de
là, épluchaient leurs plumes en attendant sa
mort. Il était tellement obsédé par la terreur
des bêtes patientes, avides de sa chair, qu'il
ne tourna pas la tête, qu'il ne sentit pas les
pierres qu'un spahis lui lançait en passant.

Et soudain, à la sortie d'un nouveau défilé, j'aperçus devant moi l'oasis.

C'est une inoubliable apparition. On
vient de traverser d'interminables plaines,
de franchir des montagnes aiguës, pelées,
calcinées, sans rencontrer un arbre, une

plante, une feuille verte, et voici, devant vous, à vos pieds, une masse opaque de verdure sombre, quelque chose comme un lac de feuillage presque noir étendu sur le sable. Puis, derrière cette grande tache, le désert recommence, s'allongeant à l'infini jusqu'à l'insaisissable horizon où il se mêle au ciel.

La ville descend en pente jusqu'aux jardins.

Quelles villes, ces cités du Sahara ! Une agglomération, un amoncellement de cubes de boue séchés au soleil. Toutes ces huttes carrées de fange durcie sont collées les unes contre les autres, de façon à laisser seulement entre leurs lignes capricieuses des espèces de galeries étroites, les rues, semblables à ces couloirs que trace un passage régulier de bêtes.

La cité entière d'ailleurs, cette pauvre cité de terre délayée, fait songer à des cons-tructions d'animaux quelconques, à des habitations de castors, à des travaux informes accomplis sans outils, avec les moyens que la nature a laissés aux créatures d'ordre inférieur.

De place en place un palmier magnifique s'épanouit à vingt pieds du sol. Puis tout à coup on entre dans une forêt dont les allées sont enfermées entre deux hauts murs d'argile. A droite, à gauche, un peuple de dattiers ouvre ses larges parasols au-dessus des jardins, abritant de son ombre épaisse et fraîche la foule délicate des arbres fruitiers. Sous la protection de ces palmes géantes que le vent agite comme de larges éventails, poussent les vignes, les abricotiers, les figuiers, les grenadiers, et les légumes inestimables

L'eau de la rivière, gardée en de larges réservoirs, est distribuée aux propriétés, comme le gaz en nos pays. Une administration sévère fait le compte de chaque habitant, qui, au moyen de longues rigoles, dispose de la source pendant une ou deux heures par semaine selon l'étendue de son domaine.

On estime la fortune par tête de palmier. Ces arbres, gardiens de la vie, protecteurs des sèves, plongent sans cesse leur pied dans l'eau tandis que leur front baigne dans le feu.

Le vallon de Bou-Saada qui amène la rivière aux jardins est merveilleux comme un paysage de rêve. Il descend, plein de dattiers, de figuiers, de grandes plantes magnifiques entre deux montagnes dont les sommets sont rouges. Tout le long du rapide cours d'eau, des femmes arabes, la tête voilée et les jambes découvertes, lavent leur linge en dansant dessus. Elles le roulent en tas dans le courant, et le battent de leurs pieds nus, en se balançant avec grâce.

Le fleuve, le long de ce ravin, court et chante. En sortant de l'oasis, il est encore abondant ; mais le désert qui l'attend, le désert jaune et assoiffé, le boit tout à coup, aux portes des jardins, l'engloutit brusquement en ses sables stériles.

Quand on monte sur la mosquée, au coucher du soleil, pour contempler l'ensemble de la ville, l'aspect est des plus singuliers. Les toits plats et carrés forment comme une cascade de damiers de boue ou de mouchoirs sales. Là-dessus s'agite toute la population qui grimpe sur ses huttes dès que le soir vient. Dans les rues on ne voit personne, on n'entend rien ; mais sitôt que vous découvrez l'ensemble des toits d'un lieu élevé, c'est un mouvement extraordinaire. On prépare le souper. Des grappes d'enfants en loques blanches grouillent dans les coins ; ce paquet informe de linge sale qui représente la femme arabe du peuple fait cuire le kous-kous ou bien travaille à quelque ouvrage.

La nuit tombe. On étend alors sur ce toit les tapis du Djebel-Amour, après avoir

soigneusement chassé les scorpions qui pul-
lulent dans ces taudis; puis toute la famille
s'endort en plein air sous l'étincelant four-
millement des astres.

L'oasis de Bou-Saada, bien que petite, est
une des plus charmantes de l'Algérie. On
peut, aux environs, chasser la gazelle, qu'on
y rencontre en quantité. On y trouve aussi
en abondance la redoutable léfaa et même
la hideuse tarentule aux longues pattes,
dont on voit courir l'ombre énorme, le soir,
sur les murs des cases.

On fait en ce ksar un commerce assez
considérable, parce qu'il se trouve un peu
sur la route du Mzab.

Les Mozabites et les Juifs sont les seuls
marchands, les seuls négociants, les seuls
êtres industrieux de toute cette partie de
l'Afrique.

Dès qu'on avance dans le sud, la race
juive se révèle sous un aspect hideux qui
fait comprendre la haine féroce de certains

10

peuples contre ces gens, et même les massacres récents. Les Juifs d'Europe, les Juifs
d'Alger, les Juifs que nous connaissons, que
nous coudoyons chaque jour, nos voisins
et nos amis, sont des hommes du monde,
instruits, intelligents, souvent charmants.
Et nous nous indignons violemment quand
nous apprenons que les habitants de quelque petite ville inconnue et lointaine ont
égorgé et noyé quelques centaines d'enfants d'Israël. Je ne m'étonne plus aujour-
d'hui ; car nos Juifs ne ressemblent guère
aux Juifs de là-bas.

A Bou-Saada, on les voit, accroupis en
des tanières immondes, bouffis de graisse,
sordides et guettant l'Arabe comme une
araignée guette la mouche. Ils l'appellent,
essayent de lui prêter cent sous contre un
billet qu'il signera. L'homme sait le danger,
hésite, ne veut pas. Mais le désir de boire et
d'autres désirs encore le tiraillent. Cent sous
représentent pour lui tant de jouissances !

Il cède enfin, prend la pièce d'argent, et signe le papier graisseux.

Au bout de trois mois il devra dix francs, cent francs au bout d'un an, deux cents francs au bout de trois ans. Alors le juif fait vendre sa terre, s'il en a une, ou, sinon, son chameau, son cheval, son bourricot, tout ce qu'il possède enfin.

Les chefs, Caïds, Aghas ou Bach'agas tombent également dans les griffes de ces rapaces qui sont le fléau, la plaie saignante de notre colonie, le grand obstacle à la civiilsation et au bien-être de l'Arabe.

Quand une colonne française va razzier quelque tribu rebelle, une nuée de Juifs la suit, achetant à vil prix le butin qu'ils revendent aux Arabes dès que le corps d'armée s'est éloigné.

Si l'on saisit, par exemple, six mille moutons dans une contrée, que faire de ces bêtes? Les conduire aux villes? Elles mourraient en route, car comment les nourrir, les faire boire pendant les deux ou trois cents kilomètres de terre nue qu'on devra traverser? Et puis il faudrait, pour emmener et garder un pareil convoi deux fois plus de troupes que n'en compte la colonne.

Alors les tuer? Quel massacre et quelle perte! Et puis les Juifs sont là qui demandent à acheter, à deux francs l'un, des moutons qui en valent vingt. Enfin le trésor gagnera toujours douze mille francs. On les leur cède.

Huit jours plus tard les premiers propriétaires ont repris à trois francs par tête leurs moutons. La vengeance française ne coûte pas cher.

Le Juif est maître de tout le sud de l'Algérie. Il n'est guère d'Arabe en effet qui n'ait une dette, car l'Arabe n'aime pas rendre. Il préfère renouveler son billet à cent ou deux cents pour cent. Il se croit toujours sauvé quand il gagne du temps. Il faudrait une loi spéciale pour modifier cette déplorable situation.

Le Juif, d'ailleurs, dans tout le Sud ne pratique guère que l'usure, par tous les moyens aussi déloyaux que possible; et les véritables commerçants sont les Mozabites.

Quand on arrive dans un village quelconque du Sahara, on remarque aussitôt toute une race particulière d'hommes qui se sont emparés des affaires du pays. Eux seuls ont les boutiques; ils tiennent les marchandises d'Europe et celles de l'industrie locale; ils sont intelligents, actifs, commerçants dans l'âme. Ce sont les Beni-Mzab ou Mozabites. On les a surnommés « les Juifs du désert ».

L'Arabe, le véritable Arabe, l'homme de la tente, pour qui tout travail est déshonorant, méprise le Mozabite commerçant; mais il vient à époques fixes s'approvisionner dans son magasin; il lui confie les objets précieux qu'il ne peut garder dans sa vie errante. Une espèce de pacte constant est établi entre eux.

Les Mozabites ont donc accaparé tout le commerce de l'Afrique du Nord. On les trouve autant dans nos villes que dans les villages sahariens. Puis, sa fortune faite, le marchand retourne au Mzab, où il doit subir une sorte de purification avant de reprendre ses droits politiques.

Ces Arabes, qu'on reconnaît à leur taille, plus petite et plus trapue que celle des autres peuplades, à leur face souvent plate et fort large, à leurs fortes lèvres et à leur œil généralement enfoncé sous un sourcil droit et très fourni, sont des schismatiques musulmans. Ils appartiennent à une des trois sectes dissidentes de l'Afrique du Nord, et semblent à certains savants être les descendants actuels des derniers sectaires du kharedjisime.

Le pays de ces hommes est peut-être le plus étrange de la terre d'Afrique.

Leurs pères, chassés de Syrie par les armes du Prophète, vinrent habiter dans le

Djebel-Nefoussa, à l'ouest de Tripoli de Barbarie.

Mais, repoussés successivement de tous les points où ils s'établirent, jalousés partout à cause de leur intelligence et de leur industrie, suspectés aussi en raison de leur hétérodoxie, ils s'arrêtèrent enfin dans la contrée la plus aride, la plus brûlante, la plus affreuse de toutes. On l'appelle en arabe Hammada (échauffée) et Chebka (filet) parce qu'elle ressemble à un immense filet de rochers et de rocailles noires.

Le pays des Mozabites est situé à cent cinquante kilomètres environ de Laghouat.

Voici comment M. le commandant Coÿne, l'homme qui connaît le mieux tout le sud de l'Algérie, décrit son arrivée au Mzab dans une brochure des plus intéressantes.

« A peu près au centre de la Chebka se trouve une sorte de cirque formé par une ceinture de roches calcaires très luisantes et à pentes très raides sur l'intérieur.

Il est ouvert au nord-ouest et au sud-est.
par deux tranchées qui laissent passer
l'Oued-Mzab. Ce cirque, d'environ dix-huit
kilomètres de long sur une largeur de deux
kilomètres au plus, renferme cinq des villes
de la confédération du Mzab, et les terrains
que cultivent exclusivement en jardins les
habitants de cette vallée.

« Vue de l'éxtérieur et du côté du nord
et de l'est, cette ceinture de rochers offre
l'aspect d'une agglomération de koubbas
étagées, les unes au-dessus des autres, sans
aucune espèce d'ordre ; on dirait d'une immense nécropole arabe. La nature elle-même
paraît morte. Là, aucune trace de végétation
ne repose l'œil; les oiseaux de proie eux-
mêmes semblent fuir ces régions désolées.
Seuls les rayons d'un implacable soleil se
reflètent sur ces murailles de rochers d'un
blanc grisâtre et produisent, par les ombres
qu'ils portent, des dessins fantastisques.

« Aussi quel n'est pas l'étonnement, je

dirai même l'enthousiasme du voyageur lorsque, arrivé sur la crête de cette ligne de rochers, il découvre dans l'intérieur du cirque cinq villes populeuses entourées de jardins d'une végétation luxuriante, se découpant en vert sombre sur les fonds rougeâtres du lit de l'Oued-Mzab.

« Autour de lui, le désert dénudé, la mort ; à ses pieds, la vie et les preuves évidentes d'une civilisation avancée. »

Le Mzab est une république, ou plutôt une commune dans le genre de celle que tentèrent d'établir les révolutionnaires parisiens en 1871.

Personne au Mzab n'a le droit de rester inactif ; et l'enfant, dès qu'il peut marcher et porter quelque chose, aide son père à l'arrosage des jardins, qui forme la constante et la plus grande occupation des habitants. Du matin au soir, le mulet ou le chameau tire dans le seau de cuir, l'eau déversée ensuite dans une rigole ingénieusement organisée de façon que pas une goutte du précieux liquide ne soit perdue.

Le Mzab compte en outre un grand nombre de barrages pour emmagasiner les pluies. Il est donc infiniment plus avancé que notre Algérie.

La pluie! c'est le bonheur, l'aisance assurée, la récolte sauvée pour le Mozabite; aussi, dès qu'elle tombe, une espèce de folie s'empare des habitants. Ils sortent par les rues, tirent des coups de fusil, chantent, courent aux jardins, à la rivière qui se remet à couler, et aux digues, dont l'entretien est assuré par chaque citoyen. Dès qu'une digue est menacée, tout le monde doit s'y porter.

Et ces gens-là, par leur travail constant, leur industrie et leur sagesse, ont fait de la partie la plus sauvage et la plus désolée du Sahara un pays vivant, planté, cultivé, où sept villes prospères s'étalent au soleil. Aussi le Mozabite est-il jaloux de sa patrie, il en défend autant que possible entrée aux Européens. Dans certaines villes, comme Beni-Isguem, nul étranger n'a le droit de coucher même une seule nuit.

La police est faite par tout le monde. Personne ne refuserait de prêter main-forte en cas de besoin. Il n'y a en ce pays ni pauvres ni mendiants. Les nécessiteux sont nourris par leur fraction.

Presque tout le monde sait lire et écrire.

On voit partout des écoles, des établissements communaux considérables. Et beaucoup de Mozabites, après avoir passé quelque temps dans nos villes, reviennent chez eux sachant le français, l'italien et l'espagnol.

La brochure du commandant Coÿne contient sur ce curieux petit peuple un nombre infini de surprenants détails.

A Bou-Saada comme dans toutes les oasis et toutes les villes, ce sont les Mozabites qui font le commerce, les échanges, tiennen des boutiques de toute espèce et se livren à toutes les professions.

Apres quatre jours passés dans cette petite cité saharienne, je suis reparti pour la côte.

Les montagnes qu'on rencontre en se dirigeant vers le littoral ont un singulier aspect. Elles ressemblent à de monstrueux châteaux forts qui auraient des kilomètres de créneaux. Elles sont régulières, carrées, entaillées d'une façon mathématique. La plus haute est plate, et paraît inaccessible. Sa forme l'a fait surnommer : « le Billard ». Peu de temps avant mon arrivée, deux officiers avaient pu l'escalader pour la première fois. Ils ont trouvé sur le sommet deux énormes citernes romaines.

LA KABYLIE. — BOUGIE.

Nous voici dans la partie la plus riche et la plus peuplée de l'Algérie. Le pays des Kabyles est montagneux, couvert de forêts et de champs.

En sortant d'Aumale, on descend vers la grande vallée du Sahel.

Là-bas se dresse une immense montagne, le Djurjura. Ses plus hauts pics sont gris comme s'ils étaient couverts de cendres.

Partout, sur les sommets moins élevés, on aperçoit des villages qui, de loin, ont l'air de tas de pierres blanches. D'autres demeurent accrochés sur les pentes. Dans toute cettre contrée fertile la lutte est terrible entre l'Européen et l'indigène pour la possession du sol.

La Kabylie est plus peuplée que le département le plus peuplé de France. Le Kabyle n'est pas nomade, mais sédentaire et travailleur. Or l'Algérien n'a pas d'autre préoccupation que de le dépouiller.

Voici les différents systèmes employés pour chasser et spolier les misérables propriétaires indigènes.

Un particulier quelconque, quittant la France, va demander au bureau chargé de la répartition des terrains une concession en Algérie. On lui présente un chapeau avec des papiers dedans, et il tire un numéro correspondant à un lot de terre. Ce lot, désormais, lui appartient.

Il part. Il trouve là-bas, dans un village indigène, toute une famille installée sur la concession qu'on lui a désignée. Cette famille a défriché, mis en rapport ce bien sur lequel elle vit. Elle ne possède rien autre chose. L'étranger l'expulse. Elle s'en va, résignée, puisque *c'est la loi française*. Mais ces gens, sans ressources désormais, gagnent le désert et deviennent des révoltés.

D'autres fois, on s'entend. Le colon européen, effrayé par la chaleur et l'aspect du pays, entre en pourparlers avec le Kabyle, qui devient son fermier.

Et l'indigène, resté sur *sa* terre, envoie, bon an, mal an, mille, quinze cents, ou deux mille francs à l'Européen retourné en France.

Cela équivaut à une concession de bureau de tabac.

Autre méthode.

La Chambre vote un crédit de quarante ou cinquante millions destinés à la colonisation de l'Algérie.

Que va-t-on faire de cet argent ? Sans doute on construira des barrages, on boisera les sommets pour retenir l'eau, on s'efforcera de rendre fertiles les plaines stériles ?

Nullement. On exproprie l'Arabe. Or, en Kabylie, la terre a acquis une valeur considérable. Elle atteint dans les meilleurs endroits SEIZE CENTS FRANCS L'HECTARE ; et elle se vend communément huit cents francs. Les Kabyles, propriétaires, vivent tranquilles sur leurs exploitations. Riches, ils ne se révoltent pas ; ils ne demandent qu'à rester en paix.

Qu'arrive-t-il ? on dispose de cinquante millions. La Kabylie est le plus beau pays d'Algérie. Eh bien, on exproprie les Kabyles au profit de colons inconnus.

Mais comment les exproprie-t-on ? On leur paye QUARANTE FRANCS l'hectare qui vaut au minimum HUIT CENTS FRANCS.

Et le chef de famille s'en va sans rien dire (c'est la loi), n'importe où, avec son monde, les hommes désœuvrés, les femmes et les enfants.

Ce peuple n'est point commerçant ni industriel, il n'est que cultivateur.

Donc, la famille vit tant qu'il reste quelque chose de la somme dérisoire qu'on lui a donnée. Puis la misère arrive. Les hommes prennent le fusil et suivent un Bou-Amama quelconque pour prouver une fois de plus que l'Algérie ne peut être gouvernée que par un militaire.

On se dit : Nous laissons l'indigène dans les parties fertiles tant que nous manquons d'Européens ; puis, quand il en vient, nous exproprions le premier occupant. — Très bien. Mais, quand vous n'aurez plus de parties fertiles, que ferez-vous ? — Nous fertiliserons, parbleu ! — Eh bien, pourquoi ne fertilisez-vous pas tout de suite, puisque vous avez cinquante millions ?

Comment ! vous voyez des compagnies particulières créer des barrages gigantesques pour donner de l'eau à des régions entières ; vous savez, par les travaux remarquables d'ingénieurs de talent, qu'il suffirait de boiser certains sommets pour gagner à l'agriculture des lieues de pays qui s'étendent au-dessous, et vous ne trouvez pas d'autre moyen que celui d'expulser les Kabyles !

Il est juste d'ajouter qu'une fois le Tell franchi, la terre devient nue, aride, presque impossible à cultiver. Seul, l'Arabe, qui se nourrit avec deux poignées de farine par jour et quelques figues, peut subsister dans ces contrées desséchées. L'Européen n'y trouve pas sa vie. Il ne reste donc en réalité que des espaces restreints pour y installer des colons, à moins de..... chasser l'indigène. Ce qu'on fait.

En somme, à part les heureux propriétaires de la plaine de la Mitidja, ceux qui ont obtenu des terres en Kabylie par un des procédés que je viens d'indiquer, et, en général, à part tous ceux qui sont installés le long de la mer, dans l'étroite bande de terre que l'Atlas délimite, les colons crient misère. Et l'Algérie ne peut plus recevoir qu'un nombre assez faible d'étrangers. Elle ne les nourrirait pas.

Cette colonie d'ailleurs est infiniment difficile à administrer pour des raisons aisées à comprendre.

Grande comme un royaume d'Europe, l'Algérie est formée de régions très diverses, habitées par des populations essentiellement différentes. Voilà ce qu'aucun gouvernement n'a paru comprendre jusqu'ici.

Il faut une connaissance approfondie de chaque contrée pour prétendre la gouverner, car chacune a besoin de lois, de règlements, de dispositions et de précautions totalement opposés. Or, le gouverneur, quel qu'il soit, ignore fatalement et absolument toutes ces questions de détails et de mœurs; il ne peut donc que s'en rapporter aux administrateurs qui le représentent.

Quels sont ces administrateurs? Des colons? Des gens élevés dans le pays, au courant de tous ses besoins? Nullement! Ce sont simplement les petits jeunes gens venus de Paris à la suite du vice-roi.

Voilà donc un de ces jeunes ignorants administrant cinquante ou cent mille hommes. Il fait sottise sur sottise et ruine le pays. C'est naturel.

Il existe des exceptions. Parfois le délégué tout-puissant du gouverneur travaille, cherche à s'instruire et à comprendre. Il lui faudrait dix ans pour se mettre un peu au courant. Au bout de six mois, on le change. On l'envoie, pour des raisons de famille, de convenances personnelles ou autres, de la frontière de Tunis à la frontière du Maroc; et là il se remet aussitôt à administrer avec les mêmes moyens qu'il employait là-bas, confiant dans son commencement d'expérience, appliquant à ces populations essentiellement différentes les mêmes règlements et les mêmes procédés.

Ce n'est donc pas un bon gouverneur

qu'il faut avant tout, mais un bon entourage du gouverneur.

On a tenté, pour remédier à ce déplorable état de choses, à ces désastreuses coutumes, de créer une école d'administration, où les principes élémentaires, indispensables pour conduire ce pays, seraient inculqués à toute une classe de jeunes gens. On échoua. L'entourage de M. Albert Grévy fit avorter ce projet. Le favoritisme, encore une fois, eut la victoire.

Le personnel des administrateurs est donc recruté de la plus singulière façon. On y trouve aussi, il est vrai, quelques hommes intelligents et travailleurs. Enfin le gouvernement à court de candidats capables fait des avances aux anciens officiers des bureaux arabes. Ceux-là connaissent au moins fort bien les indigènes; mais il est difficile d'admettre que leur changement de costume ait changé immédiatement leurs principes d'administration; et il ne faut pas alors les chasser avec fureur quand ils portent l'uniforme, pour les reprendre aussitôt qu'ils ont revêtu la redingote.

Puisque je me suis laissé aller à toucher à ce sujet difficile de l'administration de l'Algérie, je veux dire encore quelques mots d'une question capitale dont la solution devrait être rapide; c'est la question des grands chefs indigènes, qui sont en réalité les seuls administrateurs, les administrateurs tout puissants de toute la partie de notre colonie comprise entre le Tell et le désert.

Au début de l'occupation française, on a investi, sous le titre d'Aghas ou de Bach-Aghas, les chefs qui offraient le plus de garanties de fidélité, d'une autorité fort étendue sur les tribus de toute une partie du territoire. Notre action aurait été impuissante; nous y avons substitué celle des chefs arabes gagnés à notre cause, en nous résignant d'avance aux trahisons possibles;

et elles furent assez fréquentes. La mesure
était sage, politique ; elle a donné, en somme,
d'excellents résultats. Certains Aghas nous
ont rendu des services considérables, et,
grâce à eux, la vie de plusieurs milliers peut-
être de soldats français a été épargnée.

Mais de ce qu'une mesure a été excellente
à un moment donné, il ne s'ensuit pas qu'elle
demeure parfaite, malgré toutes les modi-
fications que le temps apporte dans un pays
en voie de colonisation.

Aujourd'hui, la présence parmi les tribus
de ces potentats, seuls respectés, seuls
obéis, est une cause de danger permanent
pour nous, et un obstacle insurmontable
à la civilisation des Arabes. Cependant
le parti militaire semble défendre énergiquement le système des chefs indigènes
contre les tendances à les supprimer du
parti civil.

Je ne pourrais traiter cette grave question ; mais il suffit d'accomplir l'excur-

sion que j'ai faite dans les tribus pour apercevoir clairement les énormes inconvénients
de la situation actuelle. Je veux simplement
citer quelques faits.

C'est presque uniquement à l'agha de
Saïda qu'est due la longue résistance de
Bou-Amama.

Dans le début de l'insurrection, cet agha
allait rejoindre la colonne française avec
ses goums. Il rencontra en route les Trafis,
mandés dans la même intention, et il se
joignît à eux.

Mais l'agha de Saïda est chargé de dettes
qu'il ne peut payer. Or, l'idée lui vint
sans doute, pendant la nuit, de faire une
razzia, car, réunissant son goum, il se précipita sur les Trafis. Ceux-ci, battus dans la
première attaque, reprirent l'avantage ; et
l'agha de Saïda fut contraint de fuir avec
ses hommes.

Or, comme l'agha de Saïda est notre
allié, notre ami, notre lieutenant, comme il

représente l'autorité française, les Trafis se persuadèrent que nous avions la main dans l'affaire ; et, au lieu de rejoindre le camp français, ils firent défection et allèrent immédiatement trouver Bou-Amama qu'ils ne quittèrent plus et dont ils constituèrent la principale force.

L'exemple est caractéristique, n'est-ce pas? Et l'agha de Saïda est resté notre fidèle ami. Il marche sous nos drapeaux!

On cite, d'un autre côté, un célèbre agha que nos chefs militaires traitent avec la plus grande considération, parce que son influence est considérable, prédominante sur un grand nombre de tribus.

Tantôt il nous aide, tantôt il nous trahit, selon son avantage. Allié ouvertement aux Français, dont il tient son autorité, il favorise secrètement toutes les insurrections. Il est vrai de dire qu'il lâche indifféremment l'un ou l'autre parti sitôt qu'il s'agit de piller.

Après avoir pris une part indéniable à l'assassinat du colonel Beauprêtre, le voici aujourd'hui qui marche avec nous. Mais on le soupçonne fortement d'avoir participé à beaucoup des mécomptes que nous avons subis.

Notre inébranlable allié, l'agha de Frenda, nous a maintes fois prévenus du double jeu de ce potentat. Nous avons fermé l'oreille,, parce qu'il rend à l'autorité militaire des services intéressés, quitte à en rendre d'autres à nos ennemis.

Cette situation particulière, la protection ouverte dont nous couvrons ce chef, lui assure l'impunité pour une multitude de forfaits qu'il commet journellement.

Voici ce qui se passe.

Les Arabes, par toute l'Algérie, se volent les uns les autres. Il n'est point de nuit où on ne nous signale vingt chameaux volés à droite, cent moutons à gauche, des bœufs enlevés auprès de Biskra, des chevaux auprès de Djelfa. Les voleurs restent toujours introuvables. Et pourtant il n'est pas un officier de bureau arabe qui ignore où va le bétail volé ! Il va chez cet agha qui sert de recéleur à tous les bandits du désert. Les bêtes enlevées sont mêlées à ses immenses troupeaux ; il en garde une partie pour prix de sa complaisance, et rend les autres au bout d'un certain temps, lorsque le danger de poursuites est passé.

Personne, dans le Sud, n'ignore cette situation.

Mais on a besoin de cet homme, à qui on a laissé prendre une immense influence, augmentée chaque jour par l'aide qu'il donne à tous les maraudeurs ; et on ferme les yeux.

Aussi ce chef est-il est incalculablement riche, tandis que l'agha de Djelfa, par exemple, s'est en partie ruiné à servir les intérêts de la colonisation, en créant des fermes, en défrichant, etc.

Maintenant, en dehors de cet ordre de

faits, une foule d'autres inconvénients plus graves encore résultent de la présence dans les tribus de ces potentats indigènes. Pour bien s'en rendre compte, il faut avoir une notion exacte de l'Algérie actuelle.

Le territoire et la population de notre colonie sont divisés d'une façon très nette.

Il y a d'abord les villes 'du littoral, qui n'ont guère plus de relations avec l'intérieur de l'Algérie que n'en ont les villes de France elles-mêmes avec cette colonie.

Les habitants des villes algériennes de la côte sont essentiellement sédentaires; ils ne font que ressentir le contre-coup des événements qui se passent dans l'intérieur, mais leur action sur le territoire arabe est nulle absolument.

La seconde zone, le Tell, est en partie occupée par les colons européens. Or, le colon ne voit dans l'Arabe que l'ennemi à qui il faut disputer la terre. Il le hait instinctivement, le poursuit sans cesse et le dépouille quand il peut. L'Arabe le lui rend.

L'hostilité guerroyante des Arabes et des colons empêche donc que ces derniers aient aucune action civilisatrice sur les premiers. Dans cette région, il n'y a encore que demi-mal. L'élément européen tendant sans cesse à éliminer l'élément indigène, il ne faudra pas une période de temps bien longue pour que l'Arabe, ruiné ou dépossédé, se réfugie plus au sud.

Or, il est indispensable que ces voisins vaincus restent toujours tranquilles. Pour cela, il faut que notre autorité s'exerce chez eux à tous les instants, que notre action soit incessante, et surtout que notre influence prédomine.

Que se passe-t-il aujourd'hui?

Les tribus, égrenées sur un immense espace de pays, ne reçoivent jamais la visite d'Européens. Seuls, les officiers des bureaux font de temps en temps une tournée d'inspection, et se contentent de demander aux caïds ce qui se passe dans la tribu.

Mais le caïd est placé sous l'autorité du chef indigène, l'agha ou le bach-agha. Si ce chef est de grande tente, d'une illustre famille respectée au désert, son influence alors est illimitée. Tous les caïds lui obéissent comme ils auraient fait avant l'occupation française ; et rien de ce qui se passe ne parvient jamais à la connaissance de l'autorité militaire.

La tribu est alors un monde fermé par le respect et la crainte de l'agha qui, continuant les traditions de ses ancêtres, exerce des exactions de toute sorte sur les Arabes ses sujets. Il est maître, se fait donner ce qui lui plaît, tantôt cent moutons, tantôt deux cents, se comporte enfin comme un petit tyran ; et, comme il tient de nous son autorité, c'est la continuation de l'ancien régime arabe sous le gouvernement français, le vol hiérarchique, etc., etc., sans compter que nous ne sommes rien, et que nous ignorons tout a fait l'état du pays.

C'est uniquement à cette situation que nous devons le peu de soupçons que nous avons toujours des révoltes, jusqu'au moment où elles éclatent.

Donc, la présence des grands chefs indigènes recule indéfiniment l'influence réelle et directe de l'autorité française sur les tribus, qui restent pour nous un monde fermé.

Le remède? Le voici. Presque tous ces chefs, sauf deux ou trois, ont besoin d'argent. Il faut leur donner dix, vingt, trente mille livres de rente en raison de leur influence et des services qu'ils nous ont rendus jadis, et les contraindre à vivre soit à Alger, soit dans une autre ville du littoral. Certains militaires prétendent qu'une insurrection suivrait cette mesure. Ils **ont leurs** raisons... connues. D'autres officiers, vivant dans l'intérieur, affirment au contraire que ce serait l'apaisement.

Ce n'est pas tout. Il faudrait remplacer ces hommes par des fonctionnaires civils, vivant constamment dans les tribus et exerçant sur les caïds une autorité directe. De cette façon, la civilisation, peu à peu, pourrait pénétrer dans ces contrées, une fois ce grand obstacle écarté.

Mais les réformes utiles sont longues à venir, en Algérie comme en France.

J'ai eu, en traversant la Kabylie, une preuve de la complète impuissance de notre action même dans les tribus qui vivent au milieu des Européens.

J'allais vers la mer, en suivant la longue vallée qui conduit de Beni-Mansour à Bougie. Devant nous, au loin, un nuage épais et singulier fermait l'horizon. Sur nos têtes le ciel était de ce bleu laiteux, qu'il prend l'été, dans ces chaudes contrées ; mais, là-bas, une nuée brune à reflets jaunes, qui ne semblait être ni un orage, ni un brouillard, ni une de ces épaisses tempêtes de sable

qui passent avec la furie d'un ouragan, en-
sevelissait dans son ombre grise le pays
entier. Cette nue opaque, lourde, presque
noire à son pied et plus légère dans les
hauteurs du ciel, barrait, comme un mur, la
large vallée. Puis, on crut tout à coup
sentir dans l'air immobile une vague odeur
de bois brûlé. Mais quel incendie géant aurait pu produire cette montagne de fumée?

C'était de la fumée en effet. Toutes les
forêts kabyles avaient pris feu.

Bientôt on entra dans ces demi-ténèbres
suffocantes. On ne voyait plus rien à cent
mètres devant soi. Les chevaux soufflaient
fortement. Le soir semblait venu ; et une
brise insensible, une de ces brises lentes
qui remuent à peine les feuilles, poussait
vers la mer cette nuit flottante.

On attendit deux heures dans un village
pour avoir des nouvelles; puis notre petite
voiture se remit en route, alors que la vraie
nuit s'était, à son tour, étendue sur la terre.

Une lueur confuse, lointaine encore, éclairait le ciel comme un météore. Elle grandissait, grandissait, se dressait devant l'horizon, plutôt sanglante que brillante. Mais soudain, à un brusque détour de la vallée, je me crus en face d'une ville immense, illuminée. C'était une montagne entière, brûlée déjà, avec toutes les broussailles refroidies, tandis que les troncs des chênes et des oliviers restaient incandescents, charbons énormes, debout par milliers, ne fumant déjà plus, mais pareils à des foules de lumières colossales, alignées ou éparses, figurant des boulevards démesurés, des places, des rues tortueuses, le hasard, l'emmêlement ou l'ordre qu'on remarque quand on voit de loin une cité éclairée dans la nuit.

A mesure qu'on allait, on se rapprochait du grand foyer, et la clarté devenait éclatante. Pendant cette seule journée la flamme avait parcouru vingt kilomètres de bois.

Quand je découvris la ligne embrasée, je

demeurai épouvanté et ravi devant le plus terrible et le plus saisissant spectacle que j'aie encore vu. L'incendie, comme un flot, marchait sur une largeur incalculable. Il rasait le pays, avançait sans cesse, et très vite. Les broussailles flambaient, s'éteignaient. Pareils à des torches, les grands arbres brûlaient lentement, agitant de hauts panaches de feu, tandis que la courte flamme des taillis galopait en avant.

Toute la nuit nous avons suivi le monstrueux brasier. Au jour levant nous atteignions la mer.

Enfermé par une ceinture de montagnes bizarres, aux crêtes dentelées, étranges et charmantes, aux flancs boisés, le golfe de Bougie, bleu d'un bleu crémeux et clair cependant, d'une incroyable transparence, s'arrondit sous le ciel d'azur, d'un azur immuable qu'on dirait figé.

Au bout de la côte, à gauche, sur la pente rapide du mont, dans une nappe de verdure, la ville dégringole vers la mer comme un ruisseau de maisons blanches.

Elle donne, quand on y pénètre, l'impression d'une de ces mignonnes et invraisemblables cités d'Opéra dont on rêve parfois en des hallucinations de pays invraisemblables.

Elle a des maisons mauresques, des maisons françaises et des ruines partout, de ces ruines qu'on voit au premier plan des décors, en face d'un palais de carton.

En arrivant, debout près de la mer, sur le quai où abordent les transatlantiques, où sont attachés ces bateaux pêcheurs de là-bas, dont la voile a l'air d'une aile, au milieu d'un vrai paysage de féerie, on rencontre un débris si magnifique qu'il ne semble pas naturel. C'est la vieille porte Sarrasine, envahie de lierre,

Et dans les bois montueux autour de la cité, partout des ruines, des pans de murailles romaines, des morceaux de monuments sarrasins, des restes de constructions arabes.

Le jour s'écoula, tranquille et brûlant, puis la nuit vint. Alors on eut tout autour du golfe une vision surprenante. A mesure que les ombres s'épaississaient, une autre lueur que celle du jour envahissait l'horizon. L'incendie, comme une armée assiégeante, enfermait la ville, se resserrait autour d'elle. Des foyers nouveaux, allumés par les Kabyles, apparaissaient coup sur coup, reflétés merveilleusement dans les eaux calmes du vaste bassin qu'entouraient les côtes embrasées. Le feu, tantôt avait l'air d'une guirlande de lanternes vénitiennes, d'un serpent aux anneaux de flamme se tordant et rampant sur les ondulations de la montagne, tantôt il jaillissait comme une éruption de volcan, avec un centre éclatant et un immense panache de fumée rouge, selon qu'il consu_ mait des étendues plantées de taillis ou des bois de haute futaie.

Je demeurai six jours dans ce pays flambant, puis je partis par cette route incomparable qui contourne le golfe et va le long des monts, dominée par des forêts, dominant d'autres forêts et des sables sans fin, des sables d'or que baignent les flots tranquilles de la Méditerranée.

Tantôt l'incendie atteignait le chemin. Il fallait sauter de voiture pour écarter les arbres ardents tombés devant nous; tantôt nous allions, au galop des quatre chevaux, entre deux vagues de feu, l'une descendant au fond d'un ravin où coulait un gros torrent, l'autre escaladant jusqu'aux sommets, et rongeant la montagne dont elle mettait à nu la peau roussie. Des côtes incendiées, éteintes et refroidies, semblaient couvertes d'un voile noir, d'un voile de deuil.

Parfois nous traversions des contrées encore intactes. Les colons, inquiets, debout sur leurs portes, nous demandaient des nouvelles du feu, comme on s'informait en France, au moment de la guerre allemande, de la marche de l'ennemi.

On apercevait des chacals, des hyènes, des renards, des lièvres, cent animaux différents fuyant devant le fléau, affolés par l'épouvante de la flamme.

Au détour d'un vallon, je vis soudain les cinq fils télégraphiques si chargés d'hirondelles qu'ils ployaient étrangement, formant ainsi, entre chaque poteau, cinq guirlandes d'oiseaux.

Mais le cocher fit claquer son grand fouet. Un nuage de bêtes s'envola, s'éparpilla dans l'air; et les gros fils de fer, soulagés tout à coup, bondirent, se détendant comme la corde d'un arc. Ils palpitèrent longtemps encore, agités de longues vibrations qui se calmaient peu à peu.

Mais bientôt nous pénétrâmes dans les gorges du Chabet-el-Akhra. Laissant la mer à gauche, on entre dans la montagne entr'ouverte. Ce passage est un des plus grandioses qu'on puisse voir. La coupure souvent se rétrécit ; des pics de granit, nus, rougeâtres, bruns ou bleus, se rapprochent, ne laissant à leur pied qu'un mince passage pour l'eau ; et la route n'est plus qu'une étroite corniche taillée dans le roc même, au-dessus du torrent qui roule.

L'aspect de cette gorge aride, sauvage et superbe change à tout instant. Les deux murailles qui l'enferment s'élèvent parfois à près de deux mille mètres ; et le soleil ne peut pénétrer au fond de ce puits que juste au moment où il passe au-dessus.

A l'entrée, de l'autre côté, on arrive au village de Kerrata. Les habitants depuis huit jours regardaient la fumée noire de l'incendie sortir du sombre défilé comme d'une gigantesque cheminée.

Le gouvernement de l'Algérie a prétendu après coup que ce désastre, qu'il aurait pu facilement empêcher avec un peu de prévoyance et d'énergie, ne venait pas des Kabyles. On a dit aussi que les forêts brûlées ne contenaient pas plus de cinquante mille hectares.

Voici d'abord une dépêche du sous-préfet de Philippeville.

« J'ai été informé de Jemmapes par maire et administrateur que toutes les concessions forestières sont anéanties et que le feu a ravagé tous les douars de la commune mixte. Les villages de Gastu, Aïn-Cherchar, le Djendel ont été menacés.

A Philippeville, tous les massifs boisés ont brûlé.

Stora, Saint-Antoine, Valée, Damrémont, ont failli devenir la proie des flammes.

A El-Arrouch, peu de dégâts en dehors de cinq cents hectares brûlés dans les douars des Oulad-Messaoud, Hazabra et El-Ghedir.

A Saint-Charles, six cents hectares brûlés environ entre l'Oued-Deb et l'Oued-Goudi, et huit cents hectares *au nord-est et au sud-est. Fourrages et gourbis détruits.*

A Collo mixte et Attia, le feu a tout ravagé.

Les concessions Teissier, Lesseps, Levat, Lefebvre, Sider, Bessin, etc., sont détruites en tout ou partie. Plus quarante mille hectares *de bois domaniaux. Des fermes, des maisons du Zériban ont été dévorées par les flammes. On compte de nombreuses victimes humaines.*

12.

Ce matin, nous avons enterré trois zouaves morts victimes de leur dévoûment près de Valée.

Les dégâts sont incalculables et ne peuvent être évalués même approximativement.

Le danger a disparu en grande partie par suite de la destruction de tous les bois. Le vent a aussi changé de direction, et je pense qu'on se rendra maître des derniers foyers, notamment dans les propriétés Besson, de Collo, et à l'Estaya près Robertville.

J'ai envoyé hier cent cinquante hommes de troupes à Collo, en réquisitionnant un transatlantique de passage. »

Ajoutons à cela les incendies des forêts du Zeramna, du Fil-Fila, du Fendeck, etc.

M. Bisern, adjudicataire pour quatorze années des forêts d'El-Milia, a écrit ceci :

« Mon personnel a fait preuve de la plus grande énergie; il s'est exposé très gravement, et par deux fois nous avons pu nous rendre maîtres du feu. C'est en pure perte. Pendant que nous le combattions d'un côté, les Arabes le rallumaient d'un autre, et dans plusieurs endroits différents. »

Voici une lettre d'un propriétaire :

« J'ai l'honneur de vous signaler que, vers le milieu de la nuit de dimanche à lundi, mon fermier Ripeyre, de

garde sur ma propriété sise au-dessus du champ de manœuvre, a vu quatre tentatives d'incendie : dans le terrain communal, à quelques centaines de mètres de ma propriété, une autre au-dessus de Damrémont, et la quatrième au-dessus de Valée. Le vent ayant manqué, le feu n'a pu se propager. »

Voici une dépêche de Djidjelli :

Djidjelli, 23 août, 3 h. 16 soir.

« Le feu ravage la concession forestière des Beni-Amram, appartenant à M. Carpentier, Édouard, de Djidjelli.

La nuit dernière, il a été allumé en vingt endroits différents ; un cantonnier, arrivant de la mine de Cavalho, a vu distinctement tous les foyers.

Ce matin, presque sous les yeux du caïd Amar-ben-Habilès, de la tribu des Beni-Foughal, le feu a été mis au canton de Mezrech ; et un quart d'heure après il prenait sur un autre point du même canton, en sens contraire du vent.

Enfin, au même instant, à quatre cents pas du groupe formé par le caïd et une cinquantaine d'Arabes de sa tribu, toujours à l'opposé de la direction du vent, un nouveau foyer d'incendie éclatait.

Il est donc de toute évidence que le feu est mis par les populations indigènes, et en exécution d'un mot d'ordre donné. »

J'ajouterai que, ayant moi-même passé six jours au milieu du pays incendié, j'ai vu, de mes yeux vu, en une seule nuit, le feu jaillir simultanément sur huit points différents, au milieu des bois, à dix kilomètres de toute demeure.

Il est certain que si nous exercions une surveillance active dans les tribus, ces désastres, qui se reproduisent tous les quatre ou cinq ans, n'auraient point lieu.

. Le gouvernement croit avoir fait ce qu'il faut quand il a renouvelé, à l'approche des grandes chaleurs, les instructions concernant l'établissement des postes-vigies institués par l'article 4 de la loi du 17 juillet 1874. Cet article est ainsi conçu :

« Les populations indigènes, dans les régions forestières, seront, pendant la période du 1ᵉʳ juillet au 1ᵉʳ novembre, astreintes, sous les pénalités édictées à l'article 8, à un service de surveillance, qui sera réglé par le gouverneur général. »

On soupçonne les indigènes de vouloir incendier les forêts... et on les leur confie à garder !

N'est-ce pas d'une naïveté monumentale?

Cet article sans doute a été ponctuellement exécuté. Chaque indigène était à son poste... Seulement... il a mis le feu.

Un autre article, il est vrai, prescrit une surveillance spéciale exercée par un officier désigné chaque année par le gouverneur général.

Cet article ne reçoit jamais ou presque jamais d'exécution.

Ajoutons que l'administration forestière, la plus tracassière peut-être des administrations algériennes, fait en général tout ce qu'il faut pour exaspérer les indigènes.

Enfin, pour résumer la question de la colonisation, le gouvernement, afin de favoriser l'établissement des Europeens emploie, vis-à-vis des arabes, des moyens absolument iniques. Comment les colons ne suivraient-ils pas un exemple qui concorde si bien avec leurs intérêts.

Il faut constater cependant que, depuis quelques années, des hommes fort capables, très experts dans toutes les questions de culture, semblent avoir fait entrer la colonie dans une voie sensiblement meilleure. L'Algérie devient productive sous les efforts des derniers venus. La population qui se forme ne travaille plus seulement pour des intérêts personnels, mais aussi pour les intérêts français.

Il est certain que la terre, entre les mains de ces hommes, donnera ce qu'elle n'aurait jamais donné entre les mains des arabes; il est certain aussi que la population primitive disparaîtra peu à peu; il est indubitable que cette disparition sera fort utile à l'Algérie, mais il est révoltant qu'elle ait lieu dans les conditions où elle s'accomplit.

CONSTANTINE

Du Chabet jusqu'à Sétif on croit traverser un pays en or. Les moissons coupées haut et non fauchées ras comme en France, pilées par les pieds des troupeaux, mêlant leur jaune clair de paille au rouge plus foncé du sol, donnent juste à la terre la teinte chaude et riche des vieilles dorures.

Sétif est une des villes les plus laides qu'on puisse voir.

Puis on traverse, jusqu'à Constantine,

d'interminables plaines. Les bouquets de verdure, de place en place, les font ressembler à une table de sapin sur laquelle on aurait éparpillé des arbres de Nuremberg.

Et voici Constantine, la cité phénomène, Constantine l'étrange, gardée, comme par un serpent qui se roulerait à ses pieds, par le Roumel, le fantastique Roumel, fleuve de poème qu'on croirait rêvé par Dante, fleuve d'enfer coulant au fond d'un abîme rouge comme si les flammes éternelles l'avaient brûlé. Il fait une île de sa ville, ce fleuve jaloux et surprenant; il l'entoure d'un gouffre terrible et tortueux, aux rocs éclatants et bizarres, aux murailles droites et dentelées.

La cité, disent les Arabes, a l'air d'un bournous étendu. Ils l'appellent Belad-el-Haoua, la cité de l'air, la cité du ravin, la cité des passions. Elle domine des vallées admirables pleines de ruines romaines, d'aqueducs aux arcades géantes, pleines aussi d'une merveilleuse végétation. Elle est dominée par les hauteurs de Mansoura et de Sidi-Meçid.

Elle apparaît debout sur son roc, gardée par son fleuve, comme une reine. Un vieux dicton la glorifie : « Bénissez, dit-il à ses habitants, la mémoire de vos aïeux qui ont construit votre ville sur un roc. Les corbeaux fientent ordinairement sur les gens, tandis que vous fientez sur les corbeaux. »

Les rues populeuses sont plus agitées que celles d'Alger, grouillantes de vie, traversées sans cesse par les êtres les plus divers, par des Arabes, des Kabyles, des Biskris, des Mzabis, des Nègres, des Mauresques voilées, des spahis rouges, des turcos bleus, des kadis graves, des officiers reluisants. Et les marchands poussent devant eux des ânes, ces petits bourricots d'Afrique hauts comme des chiens, des chevaux, des chameaux lents et majestueux.

Salut aux Juives. Elles sont ici d'une

beauté superbe, sévère et charmante. Elles passent drapées plutôt qu'habillées, drapées en des étoffes éclatantes, avec une incomparable science des effets, des nuances, de ce qu'il faut pour les rendre belles. Elles vont, les bras nus depuis l'épaule, des bras de statues qu'elles exposent hardiment au soleil ainsi que leur calme visage aux lignes pures et droites. Et le soleil semble impuissant à mordre cette chair polie.

Mais la gaîté de Constantine, c'est le peuple mignon des petites filles, des toutes petites. Attifées comme pour une fête costumée, vêtues de robes trainantes de soie bleue ou rouge, portant sur la tête de longs voiles d'or ou d'argent, les sourcils peints, allongés comme un arc au-dessus des deux yeux, les ongles teints, les joues et le front parfois tatoués d'une étoile, le regard hardi et déjà provocant, attentives aux admirations, elles trottinent, donnant la main à quelque grand Arabe, leur serviteur.

On dirait quelque nation de conte de fées, une nation de petites femmes galantes; car elles ont l'air femme, ces fillettes, femmes par leur toilette, par leur coquetterie éveillée déjà, par les apprêts de leur visage. Elles appellent de l'œil, comme les grandes; elles sont charmantes, inquiétantes, et irritantes comme des monstres adorables. On dirait un pensionnat de courtisanes de dix ans, de la graine d'amour qui vient d'éclore.

Mais nous voici devant le palais d'Hadj-Ahmed, un des plus complets échantillons de l'architecture arabe, dit-on. Tous les voyageurs l'ont célébré, l'ont comparé aux habitations des Mille et une Nuits.

Il n'aurait rien de remarquable si les jardins intérieurs ne lui donnaient un caractère oriental fort joli. Il faudrait un volume pour raconter les férocités, les dilapidations, toutes les infamies de celui qui l'a construit avec les matériaux précieux enlevés, arrachés aux riches demeures de la ville et des environs.

Le quartier arabe de Constantine tient une moitié de la cité. Les rues en pente, plus emmêlées, plus étroites encore que celles d'Alger vont jusqu'au bord du gouffre, où coule l'Oued-Roumel.

Huit ponts jadis traversaient ce précipice. Six de ces ponts sont en ruines aujourd'hui. Un seul, d'origine romaine, nous donne encore une idée de ce qu'il fut. Le Roumel, de place en place, disparaît sous des arches colossales qu'il a creusées lui-même. Sur l'une d'elle, fut bati le pont. La voûte naturelle où passe le fleuve est élevée de quarante et un mètres, son épaisseur est de dix-huit mètres ; les fondations de la construction romaine sont donc à *cinquante-neuf* mètres au-dessus de l'eau ; et le pont avait lui-même deux étages, deux rangées d'arches superposées sur l'arche géante de la nature.

Aujourd'hui, un pont en fer, d'une seule arche donne entrée dans Constantine.

Mais il faut partir, et gagner Bône, jolie ville blanche qui rappelle celles des côtes de France sur la Méditerranée.

Le *Kléber* chauffe le long du quai. Il est six heures. Le soleil s'enfonce, là-bas, derrière le désert, quand le paquebot se met en marche.

Et je reste jusqu'à la nuit sur le pont, les yeux tournés vers la terre qui disparaît dans un nuage empourpré, dans l'apothéose du couchant, dans une cendre d'or rose semée sur le grand manteau d'azur du ciel tranquille.

FRAGMENTS

AUX EAUX

OURNAL DU MARQUIS DE ROSEVEYRE

. . . .

12 *juin* 1880. — A Loëche! On veut,
que j'aille passer un mois à Loëche! Miséricorde! Un mois dans cette ville qu'on dit
être la plus triste, la plus morte, la plus
ennuyeuse des villes d'eaux! Que dis-je,
une ville? C'est un trou, à peine un village!
On me condamne à un mois de bagne,
enfin!

13 *juin*. — J'ai songé toute la nuit à ce

voyage qui m'épouvante. Une seule chose me reste à faire, je vais emmener une femme ! Cela pourra me distraire, peut-être? Et puis j'apprendrai, par cette épreuve, si je suis mûr pour le mariage.

Un mois de tête-à-tête, un mois de vie commune avec quelqu'un, de vie à deux complète, de causerie à toute heure du jour et de la nuit. — Diable !

Prendre une femme pour un mois n'est pas si grave, il est vrai, que de la prendre pour la vie ; mais c'est déjà beaucoup plus sérieux que de la prendre pour un soir. Je sais que je pourrai la renvoyer, avec quelques centaines de louis; mais alors je resterai seul à Loëche, ce qui n'est pas drôle !

Le choix sera difficile. Je ne veux ni une coquette ni une sotte. Il faut que je ne puisse être ni ridicule, ni honteux d'elle. Je veux bien qu'on dise : « Le marquis de Roseveyre est en bonne fortune; » mais je ne veux pas qu'on chuchote : « Ce pauvre marquis de Roseveyre ! » En somme, il faut que je demande à ma compagne passagère toutes les qualités que j'exigerais de ma compagne définitive. La seule différence à faire est celle qui existe entre l'objet neuf et l'objet d'occasion. Bast ! on peut trouver. j'y vais songer !

14 *juin*. — Berthe !... Voilà mon affaire. Vingt ans, jolie, sortant du Conservatoire, attendant un rôle, future étoile. De la tenue, de la fierté, de l'esprit et de... l'amour. Objet d'occasion pouvant passer pour neuf.

15 *juin*. — Elle est libre. Sans engagement d'affaires ou de cœur, elle accepte. J'ai commandé moi-même ses robes, pour qu'elle n'ait pas l'air d'une fille.

20 *juin*. — Bâle. Elle dort. Je vais commencer mes notes de voyage.

Elle est charmante tout à fait. Quand elle est venue au-devant de moi à la gare, je ne la reconnaissais pas, tant elle avait l'air femme du monde. Certes elle a de l'avenir, cette enfant... au théâtre.

Elle me sembla changée de manières, de démarche, d'attitude, de gestes, de sourire, de voix, de tout, irréprochable enfin. Et coiffée ! oh ! coiffée d'une façon divine, d'une façon charmante et simple, en femme qui n'a plus à attirer les yeux, qui n'a plus à plaire à tous, dont le rôle n'est plus de séduire, du premier coup, ceux qui la voient, mais qui veut plaire à un seul, discrètement, uniquement. Et cela se montrait en toute son allure. C'était indiqué si finement et si complètement, la métamorphose m'a paru si absolue et si savante, que je lui offris mon bras comme j'aurais fait à ma femme. Elle le prit avec aisance comme si elle eût été ma femme.

En tête à tête dans le coupé, nous sommes restés d'abord immobiles et muets. Puis elle releva sa voilette et sourit... Rien de plus. Un sourire de bon ton. Oh! je craignais le baiser, la comédie de la tendresse, l'éternel et banal jeu des filles; mais non, elle s'est tenue. Elle est forte.

Puis nous avons causé, un peu comme des jeunes époux, un peu comme des étrangers. C'était gentil. Elle souriait souvent en me regardant. C'est moi maintenant qui avais envie de l'embrasser. Mais je suis demeuré calme.

A la frontière, un fonctionnaire galonné ouvrit brusquement la portière et me demanda :

— Votre nom, Monsieur?

Je fus surpris. Je répondis :

— Marquis de Roseveyre.

— Vous allez?

— Aux eaux de Loëche, dans le Valais.

Il écrivait sur un registre. Il reprit :

— Madame est votre femme?

Que faire? Que répondre? Je levai les yeux sur elle, en hésitant. Elle était pâle et regardait au loin.... Je sentis que j'allais l'outrager bien gratuitement. Et puis, enfin, j'en faisais ma compagne, pour un mois.

Je prononçai : — Oui, Monsieur.

Je la vis soudain rougir. J'en fus heureux.

Mais à l'hôtel, ici, en arrivant, le propriétaire lui tendit le registre. Elle me le passa tout aussitôt; et je compris qu'elle me regardait écrire. C'était notre premier soir d'intimité!... Une fois la page tournée, qui donc le lirait, ce registre? Je traçai : « Marquis et marquise de Roseveyre, se rendant à Loëche. »

21 *juin.* — Six heures du matin. Bâle. Nous partons pour Berne. J'ai eu la main heureuse, décidément.

21 *juin*. — Dix heures du soir. Singulière journée. Je suis un peu ému. C'est bête et drôle.

Pendant le trajet, nous avons peu parlé.

Elle s'était levée un peu tôt ; elle était fatiguée ; elle sommeillait.

Sitôt à Berne, nous avons voulu contempler ce panorama des Alpes que je ne connaissais point ; et nous voici partis à travers la ville, comme deux jeunes mariés.

Et soudain nous apercevons une plaine démesurée, et là-bas, là-bas, les glaciers. De loin, comme ça, ils ne semblaient pas immenses, et cependant cette vue m'a fait passer un frisson dans les veines. Un radieux soleil couchant tombait sur nous ; la chaleur était terrible. Ils restaient froids et blancs, eux, les monts de glace. La Jungfrau, la Vierge, dominant ses frères, tendait son large flanc de neige, et tous, jusqu'à perte de vue, se dressaient autour d'elle, les géants à tête pâle, les éternels sommets gelés que le jour mourant faisait plus clairs, comme argentés, sur l'azur foncé du soir.

Leur foule inerte et colossale donnait

l'idée du commencement d'un monde surprenant et nouveau, d'une région escarpée,
morte, figée, mais attirante comme la mer,
pleine d'un pouvoir de séduction mysté-
rieuse. L'air qui avait caressé ces cimes toujours gelées semblait venir à nous par-
dessus les campagnes étroites et fleuries,
autre que l'air fécondant des plaines. Il
avait quelque chose d'âpre et de fort, de
stérile, comme une saveur des espaces
inaccessibles.

Berthe, éperdue, regardait sans pouvoir
prononcer un mot.

Tout à coup elle me prit la main et la
serra. J'avais moi-même à l'âme cette sorte
de fièvre, cette exaltation qui nous saisit devant certains spectacles inattendus. Je pris
cette petite main frémissante et je la portai
à mes lèvres; et je la baisai, ma foi, avec
amour.

J'en suis resté un peu troublé. Mais par
qui? Par elle, ou par les glaciers?

24 *juin*. — Loëche, dix heures du soir.

Tout le voyage a été délicieux. Nous avons passé un demi-jour à Thun, à regarder la rude frontière des montagnes que nous devions franchir le lendemain.

Au soleil levant, nous avons traversé le lac, le plus beau de la Suisse peut-être. Des mulets nous attendaient. Nous nous sommes assis sur leur dos et nous voici partis. Après avoir déjeuné dans une petite ville, nous avons commencé à gravir, entrant lentement dans la gorge qui monte, boisée, toujours dominée par de hautes cimes. De place en place, sur les pentes qui semblent venir du ciel, on distingue des points blancs, des chalets, poussés là on ne sait comment. Nous avons franchi des torrents, aperçu parfois, entre deux sommets élancés et couverts de sapins, une immense pyramide de neige qui semblait si proche qu'on aurait juré d'y parvenir en vingt minutes mais qu'on aurait à peine atteinte en vingt-quatre heures.

Parfois nous traversions des chaos de pierres, des plaines étroites jonchées de rocs éboulés comme si deux montagnes s'étaient heurtées dans cette lice, laissant sur le champ de bataille les débris de leurs membres de granit.

Berthe, exténuée, dormait sur sa bête, ouvrant parfois les yeux pour voir encore. Elle finit par s'assoupir, et je la soutenais d'une main, heureux de ce contact, de sentir à travers sa robe la douce chaleur de son corps. La nuit vint, nous montions toujours. On s'arrêta devant la porte d'une petite auberge perdue dans la montagne.

Nous avons dormi ! Oh ! dormi !

Au jour levant, je courus à la fenêtre, et je poussai un cri. Berthe arriva près de moi et demeura stupéfaite et ravie. Nous avions dormi dans les neiges.

Tout autour de nous, des monts énormes et stériles dont les os gris saillaient sous leur manteau blanc, des monts sans pins, mornes et glacés, s'élevaient si **haut** qu'ils semblaient inaccessibles.

Une heure après nous être remis en route, nous aperçûmes, au fond de cet entonnoir de granit et de neige, un lac noir, sombre, sans une ride, que nous avons longtemps suivi. Un guide nous apporta quelques edelweiss, les pâles fleurs des glaciers. Berthe s'en fit un bouquet de corsage.

Soudain, la gorge de rochers **s'ouvrit** devant nous, découvrant un horizon surprenant : toute la chaîne des Alpes piémontaises au-delà de la vallée du Rhône.

Les grands sommets, de place en place, dominaient la foule des moindres cimes. C'étaient le mont Rose, grave et pesant ; le Cervin, droite pyramide où tant d'hommes sont morts, la Dent-du-Midi ; cent autres pointes blanches luisantes comme des têtes de diamants, sous le soleil.

Mais brusquement le sentier que nous suivions s'arrêta au bord d'un abîme, et

dans le gouffre, dans le fond du trou noir
creux de deux mille mètres, enfermé entre
quatre murailles de rochers droits, bruns,
farouches, sur une nappe de gazon, nous
aperçûmes quelques points blancs assez semblables à des moutons dans un pré. C'é-
taient les maisons de Loëche.

Il fallut quitter les mulets, la route étant
périlleuse. Le sentier descend le long du roc,
serpente, tourne, va, revient, dominant
toujours le précipice, et toujours aussi le
village qui grandit à mesure qu'on approche.
C'est là ce qu'on appelle le passage de la
Gemmi, un des plus beaux des Alpes, sinon
le plus beau.

Berthe s'appuyait sur moi, poussait des
cris de joie et des cris d'effroi, heureuse et
peureuse comme une enfant. Comme nous
étions à quelques pas des guides et cachés
par une saillie de roche, elle m'embrassa. Je
l'étreignis...

Je m'étais dit :

— A Loëche, j'aurai soin de faire comprendre que je ne suis point avec ma femme.

Mais partout je l'avais traitée comme telle, partout je l'avais fait passer pour la marquise de Roseveyre. Je ne pouvais guère maintenant l'inscrire sous un autre nom. Et puis je l'aurais blessée au cœur, et vraiment elle était charmante.

Mais je lui dis :

— Ma chère amie, tu portes mon nom ; on me croit ton mari ; j'espère que tu te conduiras envers tout le monde avec une extrême prudence et une extrême discrétion. Pas de connaissances, pas de causeries, pas de relations. Qu'on te croie fière, mais agis en sorte que je n'aie jamais à me reprocher ce que j'ai fait.

Elle répondit :

— N'aie pas peur, mon petit René.

26 *juin*. — Loëche n'est pas triste. Non. C'est sauvage, mais très beau. Cette mu-

raille de roches hautes de deux mille mètres, d'où glissent cent torrents pareils à des filets d'argent ; ce bruit éternel de l'eau qui roule ; ce village enseveli dans les Alpes d'où l'on voit, comme du fond d'un puits, le soleil lointain traverser le ciel ; le glacier voisin, tout blanc dans l'échancrure de la montagne, et ce vallon plein de ruisseaux, plein d'arbres, plein de fraîcheur et de vie, qui descend vers le Rhône et laisse voir à l'horizon les cimes neigeuses du Piémont : tout cela me séduit et m'enchante. Peut-être que... si Berthe n'était pas là ?...

Elle est parfaite, cette enfant, réservée et distinguée plus que personne. J'entends dire :

— Comme elle est jolie, cette petite marquise !...

27 juin. — Premier bain. On descend directement de la chambre dans les piscines, où vingt baigneurs trempent, déjà vêtus de longues robes de laines, hommes et femmes ensemble. Les uns mangent, les autres lisent, les autres causent. On pousse devant soi de petites tables flottantes. Parfois on joue au furet, cè qui n'est pas toujours convenable. Vus des galeries qui entourent le bain, nous avons l'air de gros crapauds dans un baquet.

Berthe est venue s'asseoir dans cette galerie pour causer un peu avec moi. On l'a beaucoup regardée.

28 juin. — Deuxième bain. Quatre heures d'eau. J'en aurai huit heures dans huit jours. J'ai pour compagnons plongeurs le prince de Vanoris, (Italie), le comte Lovenberg, (Autriche), le baron Samuel Vernhe, (Hongrie ou ailleurs), plus une quinzaine de personnages de moindre importance, mais tous nobles. Tout le monde est noble dans les villes d'eaux.

Ils me demandent, l'un après l'autre, à

être présentés à Berthe. Je réponds : « Oui ! »
et je me dérobe. On me croit jaloux, c'est
bête !

29 iuin. — Diable ! diable ! la princesse
de Vanoris est venue elle-même me trouver,
désirant faire la connaissance de ma femme,
au moment où nous rentrions à l'hôtel. J'ai
présenté Berthe, mais je l'ai priée d'éviter
avec soin de rencontrer cette dame.

2 juillet. — Le prince nous a pris hier au
collet pour nous mener dans son appartement, où tous les baigneurs de marque pre-
naient le thé. Berthe était certes mieux que
toutes les femmes ; mais que faire ?

3 juillet. — Ma foi, tant pis ! Parmi ces
trente gentilshommes, n'en est-il pas au
moins dix de fantaisie? Parmi ces seize ou
dix-sept femmes, en est-il plus de douze
sérieusement mariées ; et, sur ces douze, en
est-il plus de six irréprochables ? Tant pis

pour elles, tant pis pour eux. Ils l'ont voulu !

10 *juillet*. — Berthe est la reine de Loëche ! Tout le monde en est fou ; on la fête, on la gâte, on l'adore ! Elle est d'ailleurs superbe de grâce et de distinction. On m'envie.

La princesse de Vanoris m'a demandé :

— Ah ! çà, marquis, où donc avez-vous trouvé ce trésor-là ?

— J'avais envie de répondre :

— Premier prix du Conservatoire, classe de comédie, engagée à l'Odéon, libre à partir du 5 *août* 1880 !

Quelle tête elle aurait fait, miséricorde !

20 *juillet*. — Berthe est vraiment surprenante. Pas une faute de tact, pas une faute de goût ; une merveille !

.   .   .   .

10 *août*. — Paris. Fini. J'ai le cœur gros.

La veille du départ je crus que tout le monde allait pleurer.

On résolut d'aller voir lever le soleil sur le Torrenthorn, puis de redescendre pour l'heure de notre départ.

On se mit en route vers minuit, sur des mulets. Des guides portaient des falots : et la longue caravane se déroulait dans les chemins tournants de la forêt de pins. Puis on traversa les pâturages où des troupeaux de vaches errent en liberté. Puis on atteignit la région des pierres, où l'herbe elle-même disparaît.

Parfois, dans l'ombre, on distinguait, soit à droite, soit à gauche, une masse blanche, un amoncellement de neige dans un trou de la montagne.

Le froid devenait mordant, piquait les yeux et la peau. Le vent desséchant des sommets soufflait, brûlant les gorges, apportant les haleines gelées de cent lieues de pics de glace.

Quand on parvint au faîte, il faisait nuit encore. On déballa toutes les provisions pour boire le champagne au soleil levant.

Le ciel pâlissait sur nos têtes. Nous apercevions déjà un gouffre à nos pieds ; puis, à quelques centaines de mètres, un autre sommet.

L'horizon entier semblait livide, sans qu'on distinguât rien encore au loin.

Bientôt on découvrit, à gauche, une cime énorme, la Jungfrau, puis une autre, puis une autre. Elles apparaissaient peu à peu comme si elles se fussent levées dans le jour naissant. Et nous demeurions stupéfaits de nous trouver ainsi au milieu de ces colosses, dans ce pays désolé de la neige éternelle. Soudain, en face, se déroula la chaîne démesurée du Piémont. D'autres cimes apparurent au nord. C'était bien l'immense pays des grands monts aux fronts glacés, depuis le Rhindenhorn, lourd comme son nom, jusqu'au fantôme à peine visible du patriarche des Alpes, le mont Blanc. Les uns étaient fiers et droits, d'autres accroupis, d'autres difformes, mais tous pareillement blancs, comme si quelque Dieu avait jeté sur la terre bossue une nappe immaculée.

Les uns semblaient si près qu'on aurait pu sauter dessus; les autres étaient si loin qu'on les distinguait à peine.

Le ciel devint rouge; et tous rougirent. Les nuages semblaient saigner sur eux. C'était superbe, presque effrayant.

Mais bientôt la nue enflammée pâlit, et toute l'armée des cimes insensiblement devint rose, d'un rose doux et tendre, comme des robes de jeune fille.

Et le soleil parut au-dessus de la nappe des neiges. Alors, tout à coup, le peuple entier des glaciers fut blanc, d'un blanc luisant, comme si l'horizon eût été plein d'une foule de dômes d'argent.

Les femmes, extasiées, regardaient cela.

Elles tressaillirent, un bouchon de champagne venait de sauter ; et le prince de Vanoris, présentant un verre à Berthe, s'écria :

— Je bois à la marquise de Roseveyre !

Tous crièrent : « Je bois à la marquise de Roseveyre ! »

Elle monta debout sur sa mule et répondit :

— Je bois à tous mes amis !

Trois heures plus tard, nous prenions le train pour Genève, dans la vallée du Rhône.

A peine fûmes-nous seuls, que Berthe, si heureuse et si gaie tout à l'heure, se mit à sangloter, la figure dans ses mains.

Je m'élançai à ses genoux :

— Qu'as-tu ? qu'as-tu ? dis-moi, qu'as-tu ?

Elle balbutia à travers ses larmes.

— C'est... c'est... c'est donc fini d'être une honnête femme !

Certes, je fus à ce moment sur le point

14.

de faire une bêtise, une grande bêtise !... Je ne la fis pas.

Je quittai Berthe en rentrant à Paris. J'aurais peut-être été trop faible, plus tard.

(Le journal du marquis de Roseveyre n'offre aucun intérêt pendant les deux années qui suivirent. Nous retrouvons à la date du 20 juillet 1883, les lignes suivantes.)

20 juillet 1883. — Florence. Triste souvenir tantôt. Je me promenais aux Cassines quand une femme fit arrêter sa voiture et m'appela. C'était la princesse de Vanoris. Dès qu'elle me vit à portée de voix :

— Oh ! marquis, mon cher marquis, que je suis contente de vous rencontrer ! Vite, vite, donnez-moi des nouvelles de la marquise ; c'est bien la plus charmante femme que j'aie vue en toute ma vie.

Je restai surpris, ne sachant que dire et frappé au cœur d'un coup violent. Je balbutiai :

— Ne me parlez jamais d'elle, princesse, voici trois ans que je l'ai perdue.

Elle me prit la main.

— Oh ! que je vous plains, mon ami.

Elle me quitta. Je suis rentré triste, mécontent, pensant à Berthe, comme si nous venions de nous séparer.

Le Destin bien souvent se trompe !

Combien de femmes honnêtes étaient nées pour être des filles, et le prouvent.

Pauvre Berthe ! Combien d'autres étaient nées pour être des femmes honnêtes..... Et celle-la..... plus que toutes..... peut-être..... Enfin..... n'y pensons plus.

EN BRETAGNE

Juillet 1882.

Voici la saison des voyages, la saison claire où l'on aime les horizons nouveaux, les vastes étendues de mer bleue où se repose l'œil, où se calme l'esprit, les vallons boisés et frais où parfois le cœur s'attendrit sans qu'on sache pourquoi, quand on s'assied, au soir tombant, sur un talus de route en velours vert et qu'on regarde, à ses pieds, un peu d'eau brune et dormante où se mire le soleil couchant au fond de l'ornière creusée par des roues de charrettes.

J'aime à la folie ces marches dans un monde qu'on croit découvrir, les étonnements subits devant des mœurs qu'on ne soupçonnait point, cette constante tension de l'intérêt, cette joie des yeux, cet éveil sans fin de la pensée.

Mais une chose, une seule, me gâte ces explorations charmantes : la lecture des guides. Écrits par des commis voyageurs en kilomètres, avec des descriptions odieuses et toujours fausses, des renseignements invariablement erronés, des indications de chemins purement fantaisistes, ils sont, saut un seul, un guide allemand excellent, la consolation des bonnetiers voyageant en train de plaisir et visitant la contrée dans le Joanne, et le désespoir des vrais routiers qui vont, sac au dos, canne à la main, par les sentiers, par les ravins, le long des plages.

Ils mentent, ils ne savent rien, ils ne comprennent rien, ils enlaidissent, par leur

prose emphatique et stupide, les plus ra-
vissants pays ; ils ne connaissent que les
grand'routes et ne valent guère moins
cependant que la carte dite d'état-major, où
les barrages de la Seine faits depuis trente ans
bientôt ne sont point encore indiqués.

Et cependant, comme on aime, en voyageant, connaître un peu d'avance la région
où l'on s'aventure ! Comme on est heureux
quand on trouve un livre où quelque vaga-
bond sincère a jeté quelques-unes de ses
visions ! Ce n'est là qu'une présentation,
qui vous prépare seulement à connaître les
lieux. Parfois c'est plus. Quand on s'enfonce
en Algérie jusqu'à l'oasis de Laghouat, il
faut lire chaque jour, à chaque heure du
voyage, l'admirable livre de Fromentin :
Un Été dans le Sahara. Celui-là vous ouvre
les yeux et l'esprit, il éclaire encore, sem-
ble-t-il, ces plaines, ces montagnes, ces
solitudes brûlantes, il vous révèle l'âme
même du désert.

Il est partout, en France, des coins presque inconnus et charmants. Sans avoir la prétention de faire un guide nouveau, je voudrais de temps en temps indiquer seulement quelques courtes excursions, des voyages de dix ou quinze jours, accomplis par tous les marcheurs, mais ignorés de tous les sédentaires.

Ne suivre jamais les grand'routes, et toujours les sentiers, coucher dans les granges quand on ne rencontre point d'auberges, manger du pain et boire de l'eau quand les vivres sont introuvables, et ne craindre ni la pluie, ni les distances, ni les longues heures de marche régulière, voilà ce qu'il faut pour parcourir et pénétrer un pays jusqu'au cœur, pour découvrir, tout près des villes où passent les touristes, mille choses qu'on ne soupçonnait pas.

Entre toutes les vieilles provinces de France, la Bretagne est une des plus curieuses; on en peut, en dix jours, connaître assez pour en savoir le tempérament, car chaque pays, comme chaque homme, a le sien.

Traversons-la, en quelques lignes. Allons seulement de Vannes à Douarnenez, en suivant la côte, la vraie côte bretonne, solitaire et basse, semée d'écueils, où le flo gronde toujours et semble répondre aux sifflements du vent dans la lande.

Le Morbihan, espèce de mer intérieure, qui monte et descend sous la pression des marées du grand Océan, s'étend devant le port de Vannes. Il le faut traverser pour gagner le large.

Il est plein d'îles, d'îles druidiques, mystérieuses, hantées. Elles portent au dos des tumulus, des menhirs, des dolmens, toutes ces pierres étranges qui furent presque des dieux. Ces îlots, au dire des Bretons, sont aussi nombreux que les jours de l'année. Le Morbihan est une mer symbolique secouée par les superstitions.

Et voilà le grand charme de cette contrée ; elle est la nourrice des légendes. Mortes partout, les vieilles croyances demeurent enracinées dans ce sol de granit. Les vieilles histoires aussi sont indestructibles dans ce pays ; et le paysan vous parle des aventures accomplies quinze siècles plus tôt comme si elles dataient d'hier, comme si son père ou son grand-père les avait vues.

Il est des souterrains où les morts restent intacts, comme au jour où l'immobilité les frappa, séchés seulement, parce que la source du sang est tarie. Ainsi les souvenirs vivent éternellement dans ce coin de France, les souvenirs, et même les manières de penser des aïeux.

J'avais quitté Vannes le jour même de mon arrivée, pour aller visiter un château historique, Sucinio, et, de là, gagner Locmariaker, puis Carnac et, suivant la côte, Pont-l'Abbé, Penmarch, la Pointe du Raz, Douarnenez.

Le chemin longeait d'abord le Morbihan, puis prenait à travers une lande illimitée, entrecoupée de fossés pleins d'eau, et sans une maison, sans un arbre, sans un être, toute peuplée d'ajoncs qui frémissaient et sifflaient sous un vent furieux, emportant à travers le ciel des nuages déchiquetés qui semblaient gémir.

Je traversai plus loin un petit hameau où rôdaient, pieds nus, trois paysans sordides et une grande fille de vingt ans, dont les mollets étaient noirs de fumier ; et, de nouveau, ce fut la lande, déserte, nue, marécageuse, allant se perdre dans l'Océan, dont la ligne grise, éclairée parfois par des lueurs d'écume, s'allongeait là-bas au-dessus de l'horizon.

Et, au milieu de cette étendue sauvage, une haute ruine s'élevait; un château carré, flanqué de tours, debout, là, tout seul, entre ces deux déserts : la lande et la mer.

Ce vieux manoir de Sucinio, qui date du

treizième siècle, est illustre. C'est là que naquit ce grand connétable de Richemont qui reprit la France aux Anglais.

Plus de portes. J'entrai dans la vaste cour solitaire, où les tourelles écroulées font des amoncellements de pierres ; et, gravissant des restes d'escaliers, escaladant les murailles éventrées, m'accrochant aux lierres, aux quartiers de granit à moitié descellés, à tout ce qui tombait sous ma main, je parvins au sommet d'une tour, d'où je regardai la Bretagne.

En face de moi, derrière un morceau de plaine inculte, l'Océan sale et grondant sous un ciel noir ; puis, partout, la lande ! Là-bas, à droite, la mer du Morbihan, avec ses rives déchirées, et, plus loin, à peine visible, une tache blanche illuminée, Vannes, qu'éclairait un rayon de soleil, glissé on ne sait comment, entre deux nuages. Puis encore très loin, un cap démesuré : Quiberon !

Et tout cela triste, mélancolique, navrant.

Le vent pleurait en parcourant ces espaces mornes ; j'étais bien dans le vieux pays hanté ; et, dans ces murs, dans ces ajoncs ras et sifflants, dans ces fossés où l'eau croupit, je sentais rôder des légendes.

Le lendemain, je traversais Saint-Gildas, où semble errer le spectre d'Abeilard. A Port-Navalo, le marin qui me fit passer le détroit me parla de son père, un chouan, de son frère aîné, un chouan, et de son oncle le curé, encore un chouan, morts tous les trois.... Et sa main étendue montrait Quiberon.

A Locmariaker, j'entrai dans la patrie des druides. Un Breton me montra la table de César, un monstre de granit soulevé par des colosses ; puis il me parla de César comme d'un ancien qu'il aurait vu.

Enfin, suivant toujours la côte entre la lande et l'Océan, vers le soir, du sommet d'un tumulus, j'aperçus devant moi les champs de pierres de Carnac.

Elles semblent vivantes, ces pierres alignées interminablement, géantes ou toutes petites, carrées, longues, plates, avec des aspects de grands corps minces ou ventrus. Quand on les regarde longtemps, on les voit remuer, se pencher, vivre !

On se perd au milieu d'elles ; un mur parfois interrompt cette foule de granit ; on le franchit, et l'étrange peuple recommence, planté comme des avenues, espacé comme des soldats, effrayant comme des apparitions.

Et le cœur vous bat ; l'esprit malgré vous s'exalte, remonte les âges, se perd dans les superstitieuses croyances.

Comme je restais immobile, stupéfait et ravi, un bruit subit derrière moi me donna une telle secousse que je me retournai d'un bond ; et un vieux homme vêtu de noir, avec un livre sous le bras, m'ayant salué, me dit : « Ainsi, Monsieur, vous visitez notre Carnac. » Je lui racontai mon enthousiasme et la frayeur qu'il m'avait faite. Il continua : « Ici, Monsieur, il y a dans l'air tant de légendes que tout le monde a peur sans savoir de quoi. Voilà cinq ans que je fais des fouilles sous ces pierres ; elles ont presque toutes un secret, et je m'imagine parfois qu'elles ont une âme. Quand je remets les pieds au boulevard, je souris, là-bas, de ma bêtise ; mais quand je reviens à Carnac, je suis croyant, croyant inconscient ; sans religion précise, mais les ayant toutes. »

Et, frappant du pied :

« Ceci est une terre de religion ; il ne faut jamais plaisanter avec les croyances éteintes ; car rien ne meurt. Nous sommes, Monsieur, chez les druides, respectons leur foi ! »

Le soleil, disparu dans la mer, avait laissé le ciel tout rouge, et cette lueur saignait aussi sur les grandes pierres, nos voisines.

Le vieux sourit.

« Figurez-vous que ces terribles croyances ont en ce lieu tant de force, que j'ai eu, ici-même, une vision ! Que dis-je ! une apparition véritable ! Là, sur ce dolmen, un soir, à cette heure, j'ai aperçu distinctement l'enchanteresse Koridwen, qui faisait bouillir l'eau miraculeuse. »

Je l'arrêtai, ignorant quelle était l'enchanteresse Koridwen.

Il fut révolté.

« Comment ! vous ne connaissez pas la femme du dieu Hu et la mère des korrigans !

— Non, je l'avoue. Si c'est une légende, contez-la-moi. »

Je m'assis sur un menhir, à son côté.

Il parla.

« Le dieu Hu, père des druides, avait pour épouse l'enchanteresse Koridwen. Elle lui donna trois enfants, Mor-Vrau, Creiz-Viou, une fille, la plus belle du monde, et Aravik-Du, le plus affreux des êtres.

« Koridwen, dans son amour maternel, voulut au moins laisser quelque chose à ce fils si disgracié, et elle résolut de lui faire boire l'eau de la divination.

« Cette eau devait bouillir pendant un an. L'enchanteresse confia la garde du vase qui la contenait à un aveugle nommé Morda et au nain Gwiou.

« L'année allait expirer, quand, les deux veilleurs se relâchant de leur zèle, un peu de la liqueur sacrée se répandit, et trois gouttes tombèrent sur le doigt du nain, qui, le portant à sa bouche, connut tout à coup l'avenir. Le vase aussitôt se brisa de lui-même, et Koridwen, apparaissant, se précipita sur Gwiou, qui s'enfuit.

« Comme il allait être atteint, pour courir plus vite, il se changea en lièvre; mais aussitôt l'enchanteresse, devenant lévrier, s'élança derrière lui. Elle allait le saisir sur le bord d'un fleuve, mais, prenant subitement la forme d'un poisson, il se précipita dans le courant. Alors, une loutre énorme surgit qui le poursuivit de si près qu'il ne put échapper qu'en devenant oiseau. Or, un grand épervier descendit du fond du ciel, les ailes étendues, le bec ouvert; c'était toujours Koridwen; et Gwiou, frissonnant de peur, se changeant en grain de blé, se laissa choir sur un tas de froment.

« Alors, une grosse poule noire, accourant, l'avala. Koridwen, vengée, se reposait, quand elle s'aperçut qu'elle allait être mère de nouveau.

Le grain de blé avait germé en elle; et un enfant naquit, que Hu abandonna sur l'eau dans un berceau d'osier. Mais l'enfant, sauvé par le fils du roi Gouydno, devint un génie, l'esprit de la lande, le korrigan. C'est donc de Koridwen que naquirent tous les petits êtres fantastiques, les nains, les follets qui hantent ces pierres. Ils vivent là-dessous, dit-on, dans des trous, et sortent au soir pour courir à travers les ajoncs. Restez ici longtemps, Monsieur, au milieu de ces monuments enchantés; regardez fixement quelque dolmen couché sur le sol, et vous entendrez bientôt la terre frissonner, vous verrez la pierre remuer, vous tremblerez de peur en apercevant la tête d'un korrigan, qui vous regarde en soulevant du front le bloc de granit posé sur lui. — Maintenant, allons dîner. »

La nuit était venue, sans lune, toute noire, pleine des rumeurs du vent. Les mains étendues, je marchais en heurtant les grandes pierres dressées ; et ce récit, le pays, mes pensées, tout avait pris un ton tellement surnaturel, que je n'aurais point été surpris de sentir tout à coup un korrigan courir entre mes jambes.

Le lendemain je me remis en route, traversant des landes, des villages, des villes, Lorient, Quimperlé, si jolie dans son vallon, Quimper.

La grand'route part de Quimper, monte une côte, coupe des vallées, passe une sorte de lac herbeux et morne, et pénètre enfin dans Pont-l'Abbé, la petite cité la plus bretonne de toute cette Bretagne bretonnante qui va du Morbihan à la pointe du Raz.

A l'entrée un vieux, château flanqué de tours, mouille le pied de ses murs dans un étang triste, triste, avec des vols d'oiseaux sauvages. Une rivière sort de là, que les caboteurs peuvent remonter jusqu'à la ville. Et dans les rues étroites aux maisons séculaires, les hommes portent le chapeau aux bords immenses, le gilet brodé magnifiquement, et les quatre vestes superposées : la première grande comme la main, couvrant au plus les omoplates, et la dernière s'arrêtant juste au-dessus du fond de culotte.

Les filles, grandes, belles, fraîches, ont a poitrine écrasée dans un gilet de drap quil forme cuirasse, les étreint, ne laissant même pas deviner leur gorge puissante et martyrisée. Et elles sont coiffées d'une étrange façon. Sur les tempes, deux plaques brodées en couleur encadrent le visage, serrent les cheveux qui tombent en nappe, puis remontent se tasser au sommet du crâne sous un singulier bonnet, tissu souvent d'or et d'argent.

Et la route sort de nouveau de cette petite cité du moyen âge oubliée là. Elle s'avance à travers la lande piquée d'ajoncs. De temps en temps, trois ou quatre vaches paissent le long du chemin, toujours accompagnées d'un mouton. Pendant plusieurs jours, on se demande pourquoi on ne voit jamais de vaches sans un mouton. Cette question vous tracasse, vous harcèle, devient une obsession. On cherche alors un homme près de qui s'informer. On le trouve, non sans peine, car souvent pendant une semaine entière, en rôdant par les villages, on ne rencontre personne qui sache un mot de français. Enfin quelque curé, qui lit son bréviaire en marchant à pas mesurés, vous apprend avec politesse que ce mouton constitue la part du loup.

Un mouton vaut moins qu'une vache, et,

comme sa prise n'offre aucun danger, le loup toujours le préfère. Mais il arrive souvent que les vaillantes petites vaches forment le bataillon carré pour défendre leur innocent camarade, et reçoivent au bout de leurs cornes affilées la bête hurlante en quête de chair vive.

Le loup ! Là aussi on le retrouve, ce loup légendaire qui terrifia notre enfance, le loup blanc, le grand loup blanc que tous les chasseurs ont vu et que personne n'a jamais tué.

Jamais on ne l'aperçoit au matin. C'est vers cinq heures en hiver, au moment où le soleil se couche, qu'il apparaît filant sur une cime dénudée, traînant sur le ciel sa longue silhouette qui passe et fuit.

Pourquoi personne ne l'a-t-il tué ? Ah ! voilà. Une supposition cependant. Les forts déjeuners de chasse commencent toujours vers une heure et finissent à quatre. On a beaucoup bu, et parlé du loup blanc. En

sortant de table, on le voit. Quoi d'étonnant
aussi à ce qu'on ne le tue pas ?

J'allais devant moi, sur la route grise
ferrée de granit, et luisante quand brille le
soleil. La plaine des deux côtés est plate,
semée d'ajoncs. De place en place, une grosse
pierre couchée entretient dans la pensée le
constant souvenir des druides; et le vent
qui souffle au ras de terre, siffle dans les buis-
sons épineux. Parfois, un bruit sourd, comme
un coup de canon lointain, fait frémir le sol;
car j'approche de Penmarch, où la mer s'en_
fonce, paraît-il, en des cavernes sonores. Les
lames engouffrées en ces trous secouental
côte entière, se font entendre jusqu'à Quim_
per, par les jours de tempête.

Depuis longtemps déjà on aperçoit la
grande ligne des flots gris, qui semblent
dominer toute cette campagne nue et basse.
Crevant partout la vague, des rochers, des
troupeaux d'écueils pointus montrent leurs
têtes noires cerclées d'écume comme si

elles bavaient ; et là-bas, contre l'eau, quelques maisons frileuses cherchent à se cacher derrière des petits tas de pierres pour éviter l'éternel ouragan du large et la pluie salée de l'Océan. Un grand phare, qui tremble sur sa base de rochers, s'avance jusqu'à la vague, et les gardiens racontent que parfois, dans les nuits de tourmente, la longue colonne de granit tangue comme un navire, et que l'horloge s'abat face contre terre, et que les objets accrochés aux murs se détachent, tombent et se brisent.

Depuis ce lieu jusqu'au Conquet, c'est le pays des naufrages. C'est là que semble embusquée la mort, la hideuse mort de la mer, la Noyade. Aucune côte n'est plus dangereuse, plus redoutée, plus mangeuse d'hommes.

Au fond des petites maisons basses des pêcheurs, on voit grouiller, dans la fange, avec les porcs, une femme vieille, de grandes filles aux jambes nues et sales, et les fils, dont le plus âgé marque trente ans. Presque jamais on ne trouve le père, rarement l'aîné. Ne demandez pas où ils sont, car la vieille tendrait la main vers l'horizon bondissant et soulevé, qui semble toujours prêt à se ruer sur ce pays.

Ce n'est pas seulement la mer perfide qui les dévore ainsi, ces hommes. Elle a un allié tout-puissant, plus perfide encore, et qui l'aide, chaque nuit, en ses gloutonneries de chair humaine, l'alcool. Les pêcheurs le savent, et l'avouent. « Quand la bouteille est pleine, disent-ils, on voit l'écueil. Mais, quand la bouteille est vide, on ne le voit plus. »

La plage de Penmarch fait peur. C'est bien ici que les naufrageurs devaient attirer les vaisseaux perdus, en attachant aux cornes d'une vache, dont la patte était entravée pour qu'elle boitât, la lanterne trompeuse qui simulait un autre navire.

Voici, un peu à droite, une roche devenue

célèbre par un horrible drame. La femme
d'un des derniers préfets du Morbihan était
assise sur cette pierre, ayant sur ses genoux
sa petite fille. La mer, à quelques mètres
sous elles, semblait calme, inoffensive, en-
dormie.

Soudain un de ces flots, singuliers qu'on
appelle des vagues sourdes, monta, venu
sans bruit, le dos gonflé, irrésistible, et,
escaladant la roche, comme un malfaiteur
furtif, il emporta les deux femmes qu'il
engloutit en un moment. Des douaniers, qui
passaient au loin, ne virent plus qu'une ombrelle rose, flottant doucement sur la mer
recalmée, et la grande roche nue, ruisse-
lante.

Pendant un an, les avocats et les méde-
cins discutèrent, arguèrent, plaidèrent pour
savoir laquelle, de la mère ou de l'enfant
emportées dans le même flot, était morte la
première. On noya des chattes avec leurs
petits, des chiennes avec leurs toutous, des

lapines avec leurs lapereaux, afin qu aucun doute ne subsistât, car une grosse question d'héritage en dépendait, la fortune devant aller à l'une ou à l'autre famille suivant que la dernière convulsion avait dû être plus persistante dans le petit corps ou dans le grand.

Presque en face de ce lieu sinistre se dresse un calvaire de granit, comme on en voit partout en ce pays pieux où les croix, si vieilles elles-mêmes, sont aussi nombreuses que les dolmens leurs aînés. Mais ce calvaire s'élève au-dessus d'un bas-relief étrange, représentant d'une façon grossière et comique l'accouchement de la Vierge Marie. Un Anglais, en passant, admira la sculpture naïve, et la fit recouvrir d'un toit afin de la préserver des atteintes de ce climat sauvage.

Et nous suivons la plage, l'interminable plage, tout le long de la baie d'Audierne. Il faut passer à gué ou à la nage deux petites rivières, peiner dans le sable ou sur la poussière de varech, aller toujours entre ces deux solitudes, l'une remuante, l'autre immobile, la mer et la lande.

Voici Audierne, triste petit port, qu'anime seulement l'entrée et la sortie des barques allant pêcher la sardine.

Avant de partir, au matin, on goûte, au lieu du vulgaire café au lait, quelques-uns de ces petits poissons frais, poudrés de sel, savoureux, parfumés, vraies violettes des flots. Et on repart vers la pointe du Raz, cette fin du monde, ce bout de l'Europe.

On monte, on monte toujours, et soudain on aperçoit deux mers, à gauche l'Océan, à droite la Manche.

C'est là qu'elles se rencontrent, qu'elles se battent sans cesse, heurtant leurs courants et leurs vagues toujours furieuses, chavirant les navires et les avalant comme des dragées.

> O flots que vous savez de lugubres histoires,
> Flots profonds redoutés des mères à genoux.

Plus d'arbres, plus rien que des touffes de gazon sur le grand cap qui s'avance. Tout au bout deux phares, et partout au loin d'autres phares, piqués sur des écueils. Il en est un qu'on essaye en vain de terminer depuis dix ans. La mer, acharnée, détruit, à mesure qu'il s'accomplit, le travail acharné des hommes.

Là-bas, en face, l'île de Sein, l'île sacrée, regarde à l'horizon, derrière la rade de Brest, sa dangereuse commère, l'île d'Ouessant.

> Qui voit Ouessant
> Voit son sang.

disent les matelots. L'île d'Ouessant, la plus inaccessible de toutes, celle que les marins n'abordent qu'en tremblant.

Le haut promontoire se termine soudain, tombe à pic dans cette bataille d'océans. Mais un petit sentier le contourne, rampant sur les granits inclinés, filant sur des crêtes larges comme la main.

Soudain on domine un abîme effrayant dont les murs, noirs comme s'ils avaient été frottés d'encre, vous renvoient le bruit furieux du combat marin qui se livre sous vous, tout au fond de ce trou qu'on a nommé l'Enfer.

Bien qu'à cent mètres au-dessus de la mer, je recevais des crachats d'écume, et, penché sur l'abîme, je contemplais cette fureur de l'eau qui semblait soulevée par une rage inconnue.

C'était bien un enfer qu'aucun poète n'avait décrit. Et une épouvante m'étreignait à la pensée d'hommes précipités là dedans, roulés, tournés, plongeant dans cette tempête entre quatre murailles de pierres, jetés sur les parois de la montagne, repris par le flot, engloutis, reparaissant, bouillonnant pêle-mêle dans les vagues monstrueuses.

Et je me remis en route, hanté de ces images et battu par un grand vent qui fouettait le cap solitaire.

Au bout de vingt minutes, j'atteignis un petit village. Un vieux prêtre, qui lisait son bréviaire à l'abri d'un mur de pierres, me salua. Je lui demandai où je pourrais coucher; il m'offrit l'hospitalité.

Une heure plus tard, assis tous deux devant sa porte, nous parlions de ce pays désolé qui saisit l'âme, quand un petit Breton, un enfant, passa devant nous, nu-pieds, secouant au vent ses longs cheveux blonds.

Le curé l'appela dans sa langue maternelle, et le gamin s'en vint, devenu timide tout à coup, les yeux baissés et les mains inertes.

« Il va vous réciter son cantique, me dit le prêtre; c'est un gaillard doué d'une grande mémoire et dont j'espère tirer quelque chose. »

Et l'enfant se mit à bredouiller des paroles inconnues, sur ce ton geignant des petites filles qui répètent leur fable. Il allait sans point ni virgule, déroulant les syllabes comme si le morceau tout entier n'eût formé qu'un mot, s'arrêtant une seconde pour respirer, puis reprenant son chuchotement précipité.

Tout à coup il se tut. C'était fini. Le curé lui caressa la joue d'une petite tape.

« C'est bien, va-t'en. »

Et le polisson se sauva. Alors mon hôte ajouta :

« Il vient de vous dire un vieux cantique de ce pays-ci ! »

Je répondis :

« Un vieux cantique? Est-il connu ?

— Oh ! pas du tout. Je vais vous le tra-
duire, si vous voulez ».

Alors le vieillard, d'une voix forte, s'ani-
mant comme s'il eût prêché, levant le bras d'un geste menaçant et enflant les mots, déclama ce naïf et superbe cantique dont

j'ai voulu ecrire les paroles sous sa dictée.

Cantique breton.

« L'enfer ! l'enfer ! Savez-vous ce que c'est, pécheurs ?

*
* *

« C'est une fournaise où rugit la flamme, une fournaise près de laquelle le feu d'une forge refermée, le feu qui a rougi les dalles d'un four, n'est que fumée !

*
* *

« Là jamais on n'aperçoit de la lumière ! Le feu brûle comme la fièvre sans qu'on le voie ! Là jamais n'entre l'espérance, car la colère de Dieu a scellé la porte !

*
* *

« Du feu sur vos têtes, du feu autour de vous ! Vous avez faim ? — Mangez du feu !

16

— Vous avez soif? buvez à cette rivière de soufre et de fer fondu !

**

« Vous pleurerez pendant l'éternité ; vos pleurs feront une mer ; et cette mer ne sera pas une goutte d'eau, pour l'enfer ! Vos larmes entretiendront les flammes, loin de les éteindre ; et vous entendrez la moelle bouillir dans vos os.

« Et puis on coupera vos têtes de dessus vos épaules, et pourtant vous vivrez ! Les démons se les jetteront l'un à l'autre, et pourtant vous vivrez ! Ils rôtiront votre chair sur les brasiers ; vous sentirez votre chair devenir du charbon ; et pourtant vous vivrez.

» Et là, il y aura encore d'autres donleurs. Vous entendrez des reproches, des malédictions et des blasphèmes.

* *

« Le père dira à son fils : — Sois maudit, fils de ma chair, car c'est pour toi que j'ai voulu amasser des biens par la rapine ! »

* *

« Et le fils répondra : — Maudit, maudit sois-tu, mon père ; car c'est toi qui m'as donné mon orgueil et qui m'as conduit ici.

* *

« Et la fille dira à sa mère : — Mille malheurs à vous, ma mère, mille malheurs à vous, caverne d'impuretés, car vous m'avez laissée libre, et j'ai quitté Dieu !

* *

« Et la mère ne reconnaîtra plus ses enfants ; et elle répondra :

« — Malédiction sur mes filles et sur mes fils, malédiction sur les fils de mes filles et sur les filles de mes fils !

⁂

« Et ces cris retentiront pendant l'Éternité. Et ces souffrances seront toujours. Et ce feu !... ce feu !...c'est la colère de Dieu qui l'a allumé, ce feu !.., il brûlera toujours sans languir, sans fumer, sans pénétrer moins profondément vos os.

⁂

« L'Éternité !... Malheur !... Ne jamais cesser de mourir, ne jamais cesser de se noyer dans un océan de souffrances !

« O *jamais !* tu es un mot plus grand que la mer ! O *jamais !* tu es plein de cris, de larmes et de rage. *Jamais !* Oh ! tu es rigoureux. Oh ! tu fais peur ! »

Et quand le vieux prêtre eut terminé, il me dit :

« N'est-ce pas que c'est terrible ? »

Là-bas nous entendions la vague infatigable s'acharnant sur la sinistre falaise. Je revoyais ce trou plein d'écume furieuse, lugubre et hurlant, vrai séjour de la mort; et quelque chose de l'effroi mystique qui fait trembler les dévots repentants pesait sur mon cœur.

Je repartis au soleil levant, comptant atteindre Douarnenez avant la nuit.

Un homme qui parlait français, ayant navigué quatorze ans sur les navires de l'État, m'aborda, comme je cherchais le sentier douanier, et nous descendîmes ensemble vers la baies des Trépasés, dont la pointe du Raz forme un des bords.

C'est un immense cirque de sable, d'une inoubliable mélancolie, d'une tristesse inquiétante, donnant, au bout de quelque temps, l'envie de partir, d'aller plus loin.

Une vallée nue avec un étang lugubre, sans grands ajoncs, un étang, qui paraît mort, aboutit à cette grève effrayante.

Cela semble bien une antichambre du séjour infernal. Le sable jaune, triste et plat, s'étend jusqu'à un énorme cap de granit qui fait face à la pointe du Raz, et où les flots acharnés se brisent.

De loin nous apercevions trois hommes immobiles piqués comme des pieux sur le sable. Mon compagnon parut étonné, car jamais on ne vient dans cette crique désolée. Mais, en approchant, nous aperçûmes quelque chose de long, étendu près d'eux, comme enfoui dans la grève ; et parfois ils se penchaient, touchaient cela, se relevaient.

C'était un mort, un noyé, un matelot de Douarnenez perdu la semaine précédente avec ses quatre camarades. Depuis huit jours on les attendait en ce lieu où le courant rejette les cadavres. Il était le premier venu à ce dernier rendez-vous.

Mais autre chose préoccupait mon guide, car les noyés en ce pays ne sont pas rares. Il m'emmena vers le triste étang, et, me faisant pencher sur l'eau, il me montra les murs de la ville d'Ys. C'étaient quelques maçonneries antiques, à peine visibles. Puis j'allai boire à la source, un tout mince filet d'eau, la meilleure de toute la contrée, disait-il. Puis il me conta l'histoire de la cité disparue comme si l'événement était proche encore, accompli tout au plus sous les yeux de son grand-père.

Un roi, faible et bon, avait une fille perverse et belle, si belle que tous les hommes devenaient fous en la voyant, si perverse qu'elle se donnait à tous, puis les faisait tuer, précipiter dans la mer du haut des rochers voisins.

Ses passions débordées étaient plus violentes, disait-on, que les vagues de l'Océan furieux, et surtout plus inapaisables. Son corps semblait un foyer où se brûlaient les âmes que Satan cueillait ensuite.

Dieu se lassa, et il prévint de ses projets un vieux saint qui vivait dans le pays. Le saint avertit le roi, qui n'osa pas punir et enfermer sa fille chérie, mais qui l'informa de l'avertissement de Dieu. Elle n'en tint pas compte, et se livra, au contraire, à de tels débordements que la ville entière l'imita, devenue une cité d'amour, dont toute pudeur et toute vertu disparurent.

Une nuit Dieu réveilla le saint pour lui annoncer l'heure de sa vengeance. Le saint courut chez le roi demeuré seul vertueux en ce pays. Le roi fit seller son cheval, en offrit un autre au saint qui l'accepta ; et, un grand bruit les ayant effrayés, ils aperçurent la mer qui s'en venait par la campagne, bondissante et mugissante. Alors la fille du roi parut à sa fenêtre, criant : « Mon père, allez-vous me laisser mourir ? » Et le roi la prit en croupe, puis s'enfuit par une des portes de la ville, alors que les flots entraient par l'autre.

Ils galopaient dans la nuit, mais les vagues aussi couraient avec des grondements et des écroulements terribles. Déjà leur écume rampante atteignait les pieds des chevaux, et le vieux saint dit au roi : « Sire, rejetez votre fille de votre cheval, ou sinon vous êtes perdu. » Et la fille criait : « Mon père, mon père, ne m'abandonnez pas! » Mais le saint se dressa sur ses étriers, sa voix devint retentissante comme le tonnerre et il annonça : « C'est la volonté de Dieu. » Alors le roi repoussa sa fille qui se cramponnait à lui, et il la précipita derrière son dos. Les vagues aussitôt la saisirent, puis retournèrent en arrière.

Et le morne étang qui recouvre ces ruines, c'est l'eau restée depuis lors sur la ville impure et détruite.

Cette légende est donc une histoire de Sodome arrangée à l'usage des dames.

Et l'événement qu'on raconte comme s'il était d'hier se passa, paraît-il, au quatrième siècle après la venue du Christ.

Le soir j'atteignis Douarnenez.

C'est une petite ville de pêcheurs qui serait la plus célèbre station de bains de France si elle était moins isolée.

Ce qui en fait le charme et la grâce, c'est son golfe. Elle est assise tout au fond et semble regarder la douce et longue ligne des côtes, onduleuses, arrondies toujours en des courbes charmantes, et dont les crêtes lointaines sont noyées en ces brumes blanches et bleues, légères et transparentes que dégage la mer.

Je repartis le lendemain pour Quimper ; et le soir je couchais à Brest pour reprendre au lever du soleil le chemin de fer de Paris.

LE CREUSOT

Le ciel est bleu, tout bleu, plein de soleil.
Le train vient de passer Montchanin. Là-bas,
devant nous, un nuage s'élève, tout noir,
opaque, qui semble monter de la terre,
qui obscurcit l'azur clair du jour, un nuage
lourd, immobile. C'est la fumée du Creusot.
On approche, on distingue. Cent cheminées
géantes vomissent dans l'air des serpents de
fumée, d'autres moins hautes et haletantes
crachent des haleines de vapeur; tout cela
se mêle, s'étend, plane, couvre la ville,

emplit les rues, cache le ciel, éteint le soleil. Il fait presque sombre maintenant. Une poussière de charbon voltige, pique les yeux, tache la peau, macule le linge. Les maisons sont noires, comme frottées de suie, les pavés sont noirs, les vitres poudrées de charbon. Une odeur de cheminée, de goudron, de houille flotte, contracte la gorge, oppresse la poitrine, et parfois une âcre saveur de fer, de forge, de métal brûlant, d'enfer ardent, coupe la respiration, vous fait lever les yeux pour chercher l'air pur, l'air libre, l'air sain du grand ciel ; mais on voit planer là-haut le nuage épais et sombre, et miroiter près de soi les facettes menues du charbon qui voltige.

C'est le Creusot.

Un bruit sourd et continu fait trembler la terre, un bruit fait de mille bruits, que coupe d'instant en instant un coup formidable, un choc ébranlant la ville entière.

Entrons dans l'usine de MM. Schneider.

Quelle féerie! C'est le royaume du Fer, où règne Sa Majesté le Feu!

Du feu! on en voit partout. Les immenses bâtiments s'alignent à perte de vue, hauts comme des montagnes et pleins jusqu'au faîte de machines qui tournent, tombent, remontent, se croisent, s'agitent, ronflent, sifflent, grincent, crient. Et toutes travaillent du feu.

Ici des brasiers, là des jets de flamme, plus loin des blocs de fer ardent vont, viennent, sortent des fours, entrent dans les engrenages, en ressortent, y rentrent cent fois, changent de forme, toujours rouges. Les machines voraces mangent ce feu, ce fer éclatant, le broient, le coupent, le scient, l'aplatissent, le filent, le tordent, en font des locomotives, des navires, des canons, mille choses diverses, fines comme des ciselures d'artistes, monstrueuses comme des œuvres de géants, et compliquées, délicates, brutales, puissantes.

Essayons de voir, et de comprendre.

Nous entrons, à droite, sous une vaste galerie où fonctionnent quatre énormes machines. Elles vont avec lenteur, remuant leurs roues, leurs pistons, leurs tiges. Que font-elles? Pas autre chose que de souffler de l'air aux hauts fourneaux où bout le métal en fusion. Elles sont les poumons monstrueux des cornues colossales que nous allons voir. Elles respirent, rien de plus; elles font vivre et digérer les monstres.

Et voici les cornues : elles sont deux, aux deux extrémités d'une autre galerie, grosses comme des tours, ventrues, rugissantes et crachant un tel jet de flamme qu'à cent mètres les yeux sont aveuglés, la peau brûlée, et qu'on halète comme dans une étuve.

On dirait un volcan furieux. Le feu qui sort de la bouche est blanc, insoutenable à la vue et projeté avec tant de force et de bruit que rien n'en peut donner l'idée.

Là dedans l'acier bout, l'acier Bessmer

dont on fait les rails. Un homme fort, beau, jeune, grave, coiffé d'un grand feutre noir, regarde attentivement l'effroyable souffle. Il est assis devant une roue pareille au gouvernail d'un navire et parfois il la fait tourner à la façon des pilotes. Aussitôt la colère de la cornue augmente; elle crache un ouragan de flammes, c'est que le chef fondeur vient d'augmenter encore le monstrueux courant d'air qui la traverse.

Et, toujours pareil à un capitaine, l'homme, à tout moment, porte à ses yeux une jumelle pour considérer la couleur du feu. Il fait un geste; un wagonnet s'avance et verse d'autres métaux dans le brasier rugissant. Le fondeur encore consulte les nuances des flammes furieuses, cherchant des indications, et, soudain, tournant une autre roue toute petite, il fait basculer la formidable cuve. Elle se retourne lentement, crachant jusqu'au toit de la galerie un terrifiant jet d'étincelles; et elle verse, délicatement, comme un éléphant qui ferait des grâces, quelques gouttes d'un liquide flamboyant dans un vase de fonte qu'on lui tend, puis elle se redresse en rugissant.

Un homme emporte ce feu sorti d'elle. Ce n'est plus maintenant qu'un lingot rouge qu'on dépose sous un marteau mû par la vapeur. Le marteau frappe, écrase, rend mince comme une feuille le métal ardent qu'on refroidit aussitôt dans l'eau. Une pince alors le saisit, le brise ; et le contre-maître examine le grain avant de donner l'ordre : « Coulez ! »

La cornue aussitôt se renverse de nou-veau, et, comme un valet qui emplirait des verres autour d'une table, elle verse le flot flamboyant d'acier qu'elle porte en ses flancs dans une série de récipients de fonte dé-posés en rond autour d'elle.

Elle semble se déplacer d'une façon na-turelle, toute simple, comme si une âme l'animait. Car il suffit, pour remuer ces engins fantastiques, pour leur faire accomplir leur œuvre, les faire aller, venir, tomber, se redresser, tourner, pivoter, il suffit de toucher à des leviers gros comme des cannes, d'appuyer sur des boutons pareils à ceux des sonnettes électriques. Une force, un génie étrange semble planer, qui gouverne les gestes pesants et faciles de ces surprenants appareils.

Nous sortons, le visage rôti, les yeux sanglants.

Voici deux tours de briques, en plein air, trop hautes pour tenir sous un toit. Une chaleur insoutenable s'en dégage. Un homme, armé d'un levier de fer, les frappe au pied, fait tomber une sorte d'enduit, creuse plus profondément. Et bientôt apparaît une lueur, un point clair. Deux coups encore et un ruisseau, un torrent de feu s'élance, suit des canaux creusés dans la terre, va, vient, coule toujours. C'est la fonte, la fonte brute en fusion. On suffoque devant ce fleuve effrayant, on fuit, on entre dans les hauts bâtiments où sont faites les locomotives et les grandes machines des navires de guerre.

On ne distingue plus, on ne sait plus, on perd la tête. C'est un labyrinthe de manivelles, de roues, de courroies, d'engrenages en mouvement. A chaque pas on se trouve en face d'un monstre qui travaille du fer rouge ou sombre. Ici ce sont des scies qui divisent des plaques larges comme le corps ; là des pointes pénètrent dans des blocs de fonte et les percent ainsi qu'une aiguille qui entre en du drap ; plus loin, un autre appareil coupe des lamelles d'acier comme des ciseaux feraient d'une feuille de papier. Tout cela marche en même temps avec des mouevments différents, peuple fantastique de bêtes méchantes et grondantes. Et toujours on voit du feu sous les marteaux, du feu dans des fours, du feu partout, partout du feu. Et toujours un coup formidable et régulier dominant le tumulte des roues, des chaudières, des enclumes, des mécaniques de toutes sortes, fait trembler le sol. C'est le gros pilon du Creusot qui travaille.

Il est au bout d'un immense bâtiment qui en contient dix ou douze autres. Tous s'abattent de moment en moment sur un bloc incandescent qui lance une pluie d'étincelles et s'aplatit peu à peu, se roule, prend une forme courbe ou droite ou plate, selon la volonté des hommes.

Lui, le gros, il pèse cent mille kilos, et tombe, comme tomberait une montagne, sur un morceau d'acier rouge plus énorme encore que lui. A chaque choc un ouragan de feu jaillit de tous les côtés, et l'on voit diminuer d'épaisseur la masse que travaille le monstre.

Il monte et redescend sans cesse, avec une facilité gracieuse, mu par un homme qui appuie doucement sur un frêle levier; et il fait penser à ces animaux effroyables, domptés jadis par des enfants, à ce que disent les contes.

Et nous entrons dans la galerie des laminoirs. C'est un spectacle plus étrange encore. Des serpents rouges courent par terre, les uns minces comme des ficelles, les autres gros comme des câbles. On dirait ici des vers de terre démesurés, et là-bas des boas effroyables. Car ici on fait des fils de fer et là-bas les rails pour les trains.

Des hommes, les yeux couverts d'une toile métallique, les mains, les bras et les jambes enveloppés de cuir, jettent dans la bouche des machines l'éternel morceau de fer ardent. La machine le saisit, le tire, l'allonge, le tire encore, le rejette, le reprend, l'amincit toujours. Lui, le fer, il se tortille comme un reptile blessé, semble lutter, mais cède, s'allonge encore, s'allonge toujours, toujours repris et toujours rejeté par la mâchoire d'acier.

Voici les rails. Impuissante à résister la

masse rougie, opaque et carrée de Bessmer s'étend sous l'effort des mécaniques et, en quelques secondes, devient un rail. Une scie géante le coupe à sa longueur exacte, et d'aures suivent sans fin, sans que rien arrête ou ralentisse le formidable travail.

Nous sortons enfin, noirs nous-mêmes comme des chauffeurs, épuisés, la vue éteinte. Et sur nos têtes s'étend le nuage épais de charbon et de fumée qui s'élève jusqu'aux hauteurs du ciel.

Oh! quelques fleurs, une prairie, un ruisseau et de l'herbe où se coucher sans pensée et sans autre bruit autour de soi que le glissement de l'eau ou le chant du coq, au loin!

FIN

TABLE DES MATIÈRES

FRAGMENTS

Paris. — Typ. Ch. Unsinger, 83, rue du Bac.